"十四五"普通高等教育本科部委级规划教材 ｜ 服装实用技术·应用提高

服装工艺设计与制作

提高篇

刘 锋◎主 编
卢致文◎副主编

FASHION DESIGN

中国纺织出版社有限公司

内 容 提 要

本书是"十四五"普通高等教育本科部委级规划教材，内容包括服装工艺设计与制作的相关基础知识和成衣工艺两部分。基础知识部分主要讲解服装结构基础、服装材料基础和制作工艺基础，成衣工艺部分介绍裤装工艺、夹克工艺、西服工艺和中式女装工艺。其中成衣工艺各部分以相关部件及部位工艺的设计与制作为基础，从款式、结构、样板、排料到缝制，全面讲解了4类8款服装的制图及制作过程，图文并茂，突出工艺设计，强调可操作性。

本书与《服装工艺设计与制作·基础篇》配套编写，内容全面、重点突出、易学实用。两本教材既可以组合使用也可以独立成册，适合高等院校学生学习参考，也可供服装企业技术人员、广大服装爱好者阅读学习。

图书在版编目（CIP）数据

服装工艺设计与制作 . 提高篇 / 刘锋主编 ；卢致文副主编 . —— 北京：中国纺织出版社有限公司，2025.1
"十四五"普通高等教育本科部委级规划教材 . 服装实用技术 . 应用提高
ISBN 978-7-5229-1816-7

Ⅰ . ①服… Ⅱ . ①刘… ②卢… Ⅲ . ①服装设计—高等学校—教材②服装缝制—高等学校—教材 Ⅳ .
① TS941.2 ② TS941.634

中国国家版本馆 CIP 数据核字（2024）第 110554 号

责任编辑：李春奕 责任校对：寇晨晨 责任印制：王艳丽

中国纺织出版社有限公司出版发行
地址：北京市朝阳区百子湾东里 A407 号楼 邮政编码：100124
销售电话：010—67004422 传真：010—87155801
http://www.c-textilep.com
中国纺织出版社天猫旗舰店
官方微博 http://weibo.com/2119887771
三河市宏盛印务有限公司印刷 各地新华书店经销
2025 年 1 月第 1 版第 1 次印刷
开本：787×1092 1/16 印张：17
字数：300 千字 定价：59.80 元

前言

近年来，服装新材料的研发成果广泛应用于服装的面料与辅料，缝制设备的专业化、智能化水平大为提高，服装制作工艺也在向着机械化、自动化、智能化的方向发展。因此，目前服装行业需要大量的新型专业技术人才，要求具备针对新材料、新设备进行工艺设计及组织生产的能力，能够解决实际问题。党的二十大报告也强调了人才和创新的重要性，并将大国工匠和高技能人才作为人才强国战略的重要组成部分，因此高等院校培养学生时，应该适应行业需求，注重专业知识的更新，加强实践环节的培养和训练。

《服装工艺设计与制作》作为服装工艺类课程的专业教材，重在培养实践和创新能力，在撰写过程中尽可能做到与时俱进，提炼传统工艺，细化现代工艺。全书内容力求知识全面、选例典型、工艺先进；编排由易到难，体现以理论为基础，理论指导实践，设计与应用相结合；采用文字、示意图相结合的方式，直观、规范、详尽地表达设计与工艺过程。为了便于各院校不同学期对服装工艺课程的安排，也便于不同基础的学习者选用，本套书分为基础篇、提高篇两册。其中基础篇包括工艺基础理论部分及成衣工艺中的裙装工艺、衬衫工艺，已于2019年9月出版。

本书为提高篇，在简要介绍服装工艺设计与制作相关理论和技术知识的基础上，延续基础篇的成衣工艺部分，说明裤装、夹克、西服、中式女装共4类8款服装及相关部件的裁剪与缝制工艺，实例的选择综合考虑了款式及工艺的典型性与代表性。成衣工艺相关的每章第一节，为该品类成衣相关部件及部位工艺设计与制作，既增强了部件应用的针对性，又不影响成衣工艺的整体性，使体系更加合理完善；每一款式都根据工艺特征命名，便于同类工艺间的对比，明确工艺设计的关键点；每一款部件首先都以表格的形式对应款式说明和款式图进行工艺分析，强调基于款式特征的工艺设计，引导模块化创新拓展设计；每一款部件都有明确的工艺流程框图、详细的制作工艺说明，突出了工序拆解的规范性和可行性。各类成衣选择经典的男装、女装款式，每一款实例都配有款式图、结构图、纸样、排料图、缝制流程图、工艺要点分解图，内容完整；其中结构图以原型法为主，制作工艺主要针对组合工艺，提炼要点并进行详细说明。

全书图文对应，便于学习者自主学习，适用于翻转课堂的模式，与教材对应的线上课程也在建设中。所有图片都经过精心设计，特别是工艺示意图，充分利用线与面的构成，采用多方位的视角，通过层次的排列、比例的控制，用线与用色相结合，立体化表达裁片间的组合关系，形象而简洁地呈现工艺方法。图中有突出显示的工序及工艺要点、必要的数据标注，强调了工艺的有序性、精细度。

本书由太原理工大学刘锋担任主编，卢致文担任副主编。其中第一章由刘锋老师编写，第二章由太原理工大学吴改红老师编写，第三章由五邑大学谢勇老师编写，第四章的第一节、第二节由刘锋老师编写，第四章的第三节和第五章由卢致文老师编写。

本书的编写过程中，参考了许多著作、论文及网络资料与图片，在此一并表示感谢！封面作品由廖郭倩设计，书中三维虚拟效果使用Style3D软件制作，由王晓天、原旭阳、阮玉洁完成，古皎霞、王晓天、霍冰融、孙雅欣、焦哲、王雨薇、阮玉洁、黄格、吴可、宋明明、常辰玉等同学参与了修改图片、编辑文字等工作，在此一并表示感谢！

由于水平所限，书中难免有疏漏和不妥之处，敬请批评指正。

编者

2024年8月

教学内容及课时安排

章/课时	课程性质	节	课程内容
第一章 （4课时）	基础理论与专业知识		·服装工艺设计与制作基础
		一	服装结构与材料基础
		二	制作工艺基础
第二章 （48课时）	实践训练与技术理论		·裤装工艺
		一	裤装部件、部位工艺的设计与制作
		二	牛仔裤缝制工艺
		三	女西裤缝制工艺
		四	男西裤缝制工艺
第三章 （20课时）			·夹克工艺
		一	夹克部件、部位工艺的设计与制作
		二	商务夹克缝制工艺
第四章 （64课时）			·西服工艺
		一	西服部件、部位工艺的设计与制作
		二	女西服缝制工艺
		三	男西服缝制工艺
第五章 （24课时）			·中式女装工艺
		一	汉服缝制工艺
		二	旗袍缝制工艺

注　各院校可根据本校的教学特色和教学计划对课程时数进行调整。

目录

基础理论与专业知识

实践训练与技术理论

基础理论与专业知识

课题名称： 服装工艺设计与制作基础

课题时间： 4课时

课题内容： 服装结构与材料基础（2课时）

　　　　　　制作工艺基础（2课时）

教学目的： 服装工艺设计与制作基础是服装工艺的相关基础知识，通过学习使学生系统掌握服装结构、服装材料、制作工艺三大模块的基础知识，明确结构设计、工艺设计的主要内容及相关国家标准，掌握服装常用材料的特点、主要性能和选择材料的原则，为服装成衣缝制奠定扎实的基础。同时培养学生严谨、细致的职业态度，并逐步养成勤奋自律的自学探索习惯，提高团队协作能力。

教学方式： 以理论讲解为主，借助多媒体及实物，结合现场示范操作，根据教材内容及学生具体情况灵活制定训练内容，加强对基本理论和基本技能的教学。

教学要求： 1.掌握人体测量的方法。

　　　　　　2.了解服装号型的含义及相关国家标准的应用。

　　　　　　3.掌握结构制图的要求及样板制作的要点。

　　　　　　4.掌握常用面料的性能和选择面料的方法。

　　　　　　5.掌握里料的作用和选配方法。

　　　　　　6.掌握衬料的种类、作用和选配方法。

　　　　　　7.了解工艺流程的设计。

　　　　　　8.掌握熨烫工艺的基本技法。

　　　　　　9.明确服装工艺的基本要求。

第一章　服装工艺设计与制作基础

　　服装设计包括款式设计、结构设计、工艺设计三部分。款式设计以着装效果图的形式确定设计目标，结构设计将该目标分解、量化、确定平面样板，工艺设计将各裁片组合为服装成品，完成设计目标，整个过程环环相扣，缺一不可。为了掌握服装工艺设计与制作的基本知识，本章从服装结构、服装材料、成衣制作工艺三个方面介绍相关的基础知识。

第一节　服装结构与材料基础

　　人是服装的主体，服装设计需要以人体的尺寸为基础，获取人体数据是制作服装的第一步。人体数据以人体特征部位的尺寸为代表，要取得正确的尺寸，可以直接对个体进行测量，也可以通过国家标准中的"服装号型各系列控制部位数值"表查询。

一、人体测量

　　针对个体进行单件服装制图时，确定尺寸的最佳方案就是对着装者进行直接测量，采集所需数据。

（一）量体要求

（1）被测者取自然站立姿势，着装尽可能简单。

（2）测量者站在被测者右前方，同时注意观察被测者的体型特征。

（3）测量围度时，松度以插入一指能自然转动为宜。

（二）测量部位及方法

　　人体测量时，应按照围度、宽度、长度的顺序，由上而下、从前到后依次进行，具体测量方法见表1-1。

表1-1　人体各部位的测量方法

序　号	部　位	测量方法
1	头围	绕两耳上方的头部水平围量一周（帽用）
2	颈根围	绕颈围前中点、左右肩颈点至颈围后中点围量一周
△3	胸围	经过胸高点绕胸部水平围量一周

续表

序号	部　位	测量方法
△4	腰围	绕腰部最细处水平围量一周
△5	臀围	绕臀部最丰满处水平围量一周
6	腹围	绕腹部最凸出处水平围量一周（紧身裤、裙用）
7	手臂根围	经过前后腋点、肩端点绕手臂根部围量一周，以确定最小袖窿弧线长
8	臂围	绕上臂根部最粗处水平围量一周，以确定最小袖肥
9	肘围	弯曲肘部，经过肘点围量一周（紧身袖用）
10	手腕围	绕手腕根部围量一周（紧身袖口用）
△11	肩宽	测量左、右肩端点间的距离
12	背宽	测量背部左、右后腋点间的距离（参考尺寸）
13	胸宽	测量胸部左、右前腋点间的距离（参考尺寸）
14	胸高点间距	测量左、右胸高点间的距离（参考尺寸）
△15	背长	测量第七颈椎点至后腰围线的垂直距离
16	前腰长	测量自肩颈点过胸高点至腰围线的距离（参考尺寸）
17	肩颈点至胸高点长	测量自肩颈点到胸高点的距离（参考尺寸）
△18	衣长	（前）自肩颈点经胸高点测量至所需下摆底边线间的长度，（后）自第七颈椎点垂直测量至下摆底边线间的长度
△19	袖长	自肩端点随手臂自然弯曲测量至手腕的长度
△20	臀高	从人体侧面测量腰围线至臀围线的垂直距离
△21	裤长	从人体侧面测量自腰围线至所需裤脚口位置间的长度
△22	裙长	从人体侧面测量自腰围线至所需下摆底边间的长度

注　序号前带△的部位为控制部位。

二、号型系列与规格

对于服装号型，国家有统一标准（GB/T 1335—2008），适用于批量生产服装时确定尺寸，对单件制图也具有参考意义。

（一）号型定义

"号"指人体的身高，是设计和选购服装长短的依据；"型"指人体的胸围（上衣）或腰围（下装），是设计和选购服装肥瘦的依据。以人体胸围与腰围的差值为依据，国家标准将体型分为四类，使其适用范围更为广泛。男、女体型分类标准见表1–2。

表1-2　男、女体型分类标准 单位：cm

性别	胸腰差			
	Y体型	**A体型**	**B体型**	**C体型**
男	17～22	12～16	7～11	2～6
女	19～24	14～18	9～13	4～8

（二）号型系列

号型的表示方法为号/型，如160/84A。

国家标准是在大量测量统计的基础上，确定了所占比例最大的男、女中间体，分别为170/88A、160/84A。以中间体为中心，号以5cm分档，型以2cm、4cm分档，两者对应组合形成号型系列，即5·2、5·4号型系列，其中5·2号型系列对下装适用，5·4号型系列对上、下装通用。

（三）控制部位

控制部位是指人体的主要特征部位，即人体上要求服装尺寸必须满足的部位，如胸围、腰围、肩宽等。控制部位的数值与号型标准相对应，表1-3～表1-10列出了男、女各种体型的详细数值。

表1-3　男子5·4／5·2 Y号型系列控制部位数值 单位：cm

部 位	Y体型 数 值															
身高	155		160		165		170		175		180		185		190	
颈椎点高	133.0		137.0		141.0		145.0		149.0		153.0		157.0		161.0	
坐姿颈椎点高	60.5		62.5		64.5		66.5		68.5		70.5		72.5		74.5	
全臂长	51.0		52.5		54.0		55.5		57.0		58.5		60.0		61.5	
腰围高	94.0		97.0		100.0		103.0		106.0		109.0		112.0		115.0	
胸围	76		80		84		88		92		96		100		104	
颈围	33.4		34.4		35.4		36.4		37.4		38.4		39.4		40.4	
总肩宽	40.4		41.6		42.8		44.0		45.2		46.4		47.6		48.8	
腰围	56	58	60	62	64	66	68	70	72	74	76	78	80	82	84	86
臀围	78.8	80.4	82.0	83.6	85.2	86.8	88.4	90.0	91.6	93.2	94.8	96.4	98.0	99.6	101.2	102.8

表1-4 男子5·4/5·2 A号型系列控制部位数值

单位：cm

A体型

部位	数值							
身高	155	160	165	170	175	180	185	190
颈椎点高	133.0	137.0	141.0	145.0	149.0	153.0	157.0	161.0
坐姿颈椎点高	60.5	62.5	64.5	66.5	68.5	70.5	72.5	74.5
全臂长	51.0	52.5	54.0	55.5	57.0	58.5	60.0	61.5
腰围高	93.5	96.5	99.5	102.5	105.5	108.5	111.5	114.5

部位	数值								
胸围	72	76	80	84	88	92	96	100	104
颈围	32.8	33.8	34.8	35.8	36.8	37.8	38.8	39.8	40.8
总肩宽	38.8	40.0	41.2	42.4	43.6	44.8	46.0	47.2	48.4

部位	数值																										
腰围	56	58	60	60	62	64	64	66	68	68	70	72	72	74	76	76	78	80	80	82	84	84	86	88	88	90	92
臀围	75.6	77.2	78.8	78.8	80.4	82.0	82.0	83.6	85.2	85.2	86.8	88.4	88.4	90.0	91.6	91.6	93.2	94.8	94.8	96.4	98.0	98.0	99.6	101.2	101.2	102.8	104.4

表1-5　男子5·4/5·2 B号型系列控制部位数值

单位：cm

B体型

部位	数值																					
身高	155	160	165	170	175	180	185	190														
颈椎点高	133.5	137.5	141.5	145.5	149.5	153.5	157.5	161.5														
坐姿颈椎点高	61.0	63.0	65.0	67.0	69.0	71.0	73.0	75.0														
全臂长	51.0	52.5	54.0	55.5	57.0	58.5	60.0	61.5														
腰围高	93.0	96.0	99.0	102.0	105.0	108.0	111.0	114.0														
胸围	72	76	80	84	88	92	96	100	104	108	112											
颈围	33.2	34.2	35.2	36.2	37.2	38.2	39.2	40.2	41.2	42.2	43.2											
总肩宽	38.4	39.6	40.8	42.0	43.2	44.4	45.6	46.8	48.0	49.2	50.4											
腰围	62	64	66	68	70	72	74	76	78	80	82	84	86	88	90	92	94	96	98	100	102	104
臀围	79.6	81.0	82.4	83.8	85.2	86.6	88.0	89.4	90.8	92.2	93.6	95.0	96.4	97.8	99.2	100.6	102.0	103.4	104.8	106.2	107.6	109.0

表1-6　男子5·4/5·2 C号型系列控制部位数值

单位：cm

C体型

部位	数值																					
身高	155	160	165	170	175	180	185	190														
颈椎点高	134.0	138.0	142.0	146.0	150.0	154.0	158.0	162.0														
坐姿颈椎点高	61.5	63.5	65.5	67.5	69.5	71.5	73.5	75.5														
全臂长	51.0	52.5	54.0	55.5	57.0	58.5	60.0	61.5														
腰围高	93.0	96.0	99.0	102.0	105.0	108.0	111.0	114.0														
胸围	76	80	84	88	92	96	100	104	108	112	116											
颈围	34.6	35.6	36.6	37.6	38.6	39.6	40.6	41.6	42.6	43.6	44.6											
总肩宽	39.2	40.4	41.6	42.8	44.0	45.2	46.4	47.6	48.8	50.0	51.2											
腰围	70	72	74	76	78	80	82	84	86	88	90	92	94	96	98	100	102	104	106	108	110	112
臀围	81.6	83.0	84.4	85.8	87.2	88.6	90.0	91.4	92.8	94.2	95.6	97.0	98.4	99.8	101.2	102.6	104.0	105.4	106.8	108.2	109.6	111.0

表1-7 女子5·4（5·2）Y号型系列控制部位数值

单位：cm

Y体型

部位	数值							
身高	145	150	155	160	165	170	175	180
颈椎点高	124.0	128.0	132.0	136.0	140.0	144.0	148.0	152.0
坐姿颈椎点高	56.5	58.5	60.5	62.5	64.5	66.5	68.5	70.5
全臂长	46.0	47.5	49.0	50.5	52.0	53.5	55.0	56.5
腰围高	89.0	92.0	95.0	98.0	101.0	104.0	107.0	110.0
胸围	72	76	80	84	88	92	96	100
颈围	31.0	31.8	32.6	33.4	34.2	35.0	35.8	36.6
总肩宽	37.0	38.0	39.0	40.0	41.0	42.0	43.0	44.0

部位	数值															
腰围	50	52	54	56	58	60	62	64	66	68	70	72	74	76	78	80
臀围	77.4	79.2	81.0	82.8	84.6	86.4	88.2	90.0	91.8	93.6	95.4	97.2	99.0	100.8	102.6	104.4

表1-8 女子5·4（5·2）A号型系列控制部位数值

单位：cm

A体型

部位	数值							
身高	145	150	155	160	165	170	175	180
颈椎点高	124.0	128.0	132.0	136.0	140.0	144.0	148.0	152.0
坐姿颈椎点高	56.5	58.5	60.5	62.5	64.5	66.5	68.5	70.5
全臂长	46.0	47.5	49.0	50.5	52.0	53.5	55.0	56.5
腰围高	89.0	92.0	95.0	98.0	101.0	104.0	107.0	110.0
胸围	72	76	80	84	88	92	96	100
颈围	31.2	32.0	32.8	33.6	34.4	35.2	36.0	36.8
总肩宽	36.4	37.4	38.4	39.4	40.4	41.4	42.4	43.4

部位	数值																							
腰围	54	56	58	58	60	62	62	64	66	66	68	70	70	72	74	74	76	78	78	80	82	82	84	86
臀围	77.4	79.2	81.0	81.0	82.8	84.6	84.6	86.4	88.2	88.2	90.0	91.8	91.8	93.6	95.4	95.4	97.2	99.0	99.0	100.8	102.6	102.6	104.4	106.2

表1-9 女子5·4（5·2）B号型系列控制部位数值

单位：cm

B 体型

部 位	数 值																					
身高	145		150		155		160		165		170		175		180							
颈椎点高	124.5		128.5		132.5		136.5		140.5		144.5		148.5		152.5							
坐姿颈椎点高	57.0		59.0		61.0		63.0		65.0		67.0		69.0		71.0							
全臂长	46.0		47.5		49.0		50.5		52.0		53.5		55.0		56.5							
腰围高	89.0		92.0		95.0		98.0		101.0		104.0		107.0		110.0							
胸围	68	72	76	80	84	88	92	96	100	104	108											
颈围	30.6	31.4	32.2	33.0	33.8	34.6	35.4	36.2	37.0	37.8	38.6											
总肩宽	34.8	35.8	36.8	37.8	38.8	39.8	40.8	41.8	42.8	43.8	44.8											
腰围	56	58	60	62	64	66	68	70	72	74	76	78	80	82	84	86	88	90	92	94	96	98
臀围	78.4	80.0	81.6	83.2	84.8	86.4	88.0	89.6	91.2	92.8	94.4	96.0	97.6	99.2	100.8	102.4	104.0	105.6	107.2	108.8	110.4	112.0

表1-10 女子5·4（5·2）C号型系列控制部位数值

单位：cm

C 体型

部 位	数 值																							
身高	145		150		155		160		165		170		175		180									
颈椎点高	124.5		128.5		132.5		136.5		140.5		144.5		148.5		152.5									
坐姿颈椎点高	56.5		58.5		60.5		62.5		64.5		66.5		68.5		70.5									
全臂长	46.0		47.5		49.0		50.5		52.0		53.5		55.0		56.5									
腰围高	89.0		92.0		95.0		98.0		101.0		104.0		107.0		110.0									
胸围	68	72	76	80	84	88	92	96	100	104	108	112												
颈围	30.8	31.6	32.4	33.2	34.0	34.8	35.6	36.4	37.2	38.0	38.8	39.6												
总肩宽	34.2	35.2	36.2	37.2	38.2	39.2	40.2	41.2	42.2	43.2	44.2	45.2												
腰围	60	62	64	66	68	70	72	74	76	78	80	82	84	86	88	90	92	94	96	98	100	102	104	106
臀围	78.4	80.0	81.6	83.2	84.8	86.4	88.0	89.6	91.2	92.8	94.4	96.0	97.6	99.2	100.8	102.4	104.0	105.6	107.2	108.8	110.4	112.0	113.6	115.2

（四）规格

规格是在人体控制部位数值的基础上，经过必要的松量加放后得到的成衣尺寸，即制图尺寸，可以简单地用衣长（裤长）×胸围（腰围）表示，制图时所有尺寸以规格表的形式明确给出。

三、结构制图与样板制作

服装结构是对立体服装进行合理分解后，分别确定各部分的平面形状，包括制图与样板制作两部分。

（一）结构制图

在进行服装结构制图时，线的类型、粗细都有特定的表达内容，绘图时要遵照要求，识图时要有依据，具体内容见表1-11。

表1-11　服装结构制图线型　　　　　　　　　　　　　　单位：mm

序号	名　称	形　式	粗细	主要用途
1	粗实线	———————	0.9	服装和部件的轮廓线、部位轮廓线
2	细实线	———————	0.3	结构图的基本线、辅助线、尺寸标记线
3	粗虚线	- - - - - - - - -	0.9	背面轮廓影示线
4	细虚线	·················	0.3	缝纫明线线迹
5	点划线	—·—·—·—·—	0.3	对称折叠线
6	双点划线	—··—··—··—	0.3	某部分需折转的线，如驳领翻折线

注　虚线、点划线、双点划线的线段长度与间隔应均匀，首末两端应是线段（参照FZ/T 80009—2004）。

（二）样板制作

服装样板的制作需要在结构图完成之后，经过拷贝使各衣片完整分离，再进行纸样调整、缝份与贴边的加放、文字与符号的标注等。

1.拷贝纸样

通常使用描线器拷贝纸样，称为点印法，也可以借助专业拷贝台完成复制。点印法方便而且准确，使用广泛。

点印法主要对结构图关键点进行压痕复制，需要拷贝的线包括重要的基本线、轮廓线与所有标记，基本线主要确定水平、竖直方向，如前中心线、后中心线、胸围线、腰围线、臀围线等。拷贝顺序为先拷贝基本线，再拷贝轮廓线。基本线由上而下，轮廓线从某个角点开始，逆（顺）时针逐点进行，避免遗漏。标记与轮廓线同步拷贝。

点压完成后，需要逐点确认无遗漏，之后再进行拷贝样的描绘。连线顺序与拷贝顺序一致，注意明确标记，并在适当位置画出纱向符号。所有衣片复制完成后，需要确认与结构图的一致性。特别提醒结构图需要整张保存，以备制板、裁剪、缝制过程中遇到问题时核对，成品完成后作为资料留用。

2.纸样调整与确认

拷贝好的纸样需要进一步调整、确认、修正。纸样的调整包括省道转移，领面分割、调整止口，挂面驳头加出折转量、双折部位的对称复制等。

纸样的确认分几个方面：首先对照规格表，检验各主要部位尺寸是否准确；其次检查相关部位是否匹配，如前后侧缝形状与长度的一致性、前后肩缝等长或有吃势、领窝与装领线长度的关系、袖山与袖窿间的吃势分布等；然后检查衣片拼接后轮廓线的圆顺情况，如拼合肩缝后领窝及袖窿的圆顺度、拼合袖缝后袖山及袖口的圆顺度、拼合侧缝及分割线后下摆底边的圆顺度等。

3.加放缝份与贴边

缝份，指衣片拼接后反面被缝住的部分，是衣片上的必要宽度。贴边，指服装止口部位反面被折进的部分，也是衣片上的必要宽度。制作样板时，需要根据工艺要求适当加放。

（1）加放缝份：一般情况下缝份宽度为1cm，具体加放时需要根据情况调整。

①根据针法加放。不同针法需要加放的缝份不同，常用针法需要的缝份见表1-12。

表1-12　常用针法需要的缝份加放量　　　　　　　　单位：cm

针　法	缝　份
平缝、分压缝	两片各放1
钩压缝、骑缝	两片各放1
固压缝、扣压缝	两片均为大于明线宽度0.2～0.5
滚包缝	一片0.7，另一片2
来去缝	两片各放0.8～1
内（外）包缝	一片大于明线宽度0.2，另一片是其双倍
搭缝	两片各放0.5～1
排缝	两片均不放

②根据面料加放。样板的放缝需要考虑面料的质地。质地厚的面料需要较大折转量，放缝时需多加两倍面料厚度，但按照正常宽度缝合。质地松散的面料考虑到裁剪和缝制时的脱散损耗，适当加宽缝份。常用厚度、质地紧密的面料按常规加放。

③根据工艺要求加放。服装的某些特殊部位放缝时有特别要求，需要特别处理。例如，男西裤后片裆缝的不均匀加放，装拉链的部位需要1.5～2cm缝份。放缝也与轮廓线形状有关，较直的部位正常加放，弧线的部位加放量较小，且弧度越大加放量越小，以免影响缝口平服。

（2）加放贴边：贴边宽度与所处部位及止口形状有关，直线或接近直线的止口处可以直接加出贴边宽度，称为连裁贴边或自带贴边；止口为弧线的部位，贴边需要另外拷贝相应边缘区域3～5cm宽，然后加放缝份，称为另加贴边。连裁贴边的轮廓要求与折转后对应区域的衣片一致，加放贴边时，应该以止口线为对称轴，根据宽度要求作衣片轮廓的对称线。

不同部位的连裁贴边宽度会有所不同，表1-13所示为常用贴边加放量。

表1-13　常用贴边参考加放量　　　　　　　　　　单位：cm

部位	加放量
门襟	衬衣3～4，装拉链外套5～6，单排扣外套7～8，双排扣外套12～14
下摆	圆摆衬衣1～1.5，平摆衬衣2～3，外套4，大衣5～6
袖口	衬衣2～3，外套3～4（通常与下摆相同）
袋口	明贴无盖式大袋3～4，有盖式大袋2，斜插袋3
开衩	不重叠类2，重叠类4
裙摆	弧度较大1.5～2，一般3
裤脚口	短裤3，长裤4

（3）轮廓角点的加放：轮廓线转折部位的加放需要考虑满足双向的要求，基本要求是衣片连接后轮廓线顺直，具体放缝方法如图1-1所示。

4.做标记

做标记是保证成品服装质量的有效手段，通常标记分为对位标记和定位标记两种。

（1）对位标记：衣片间连接时需要对合位置的记号，具体位置及数量根据缝制工艺要求确定。例如，绱领对位点、绱袖对位点、上

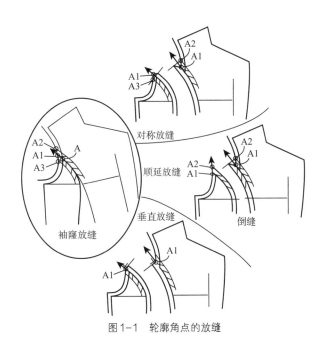

图1-1　轮廓角点的放缝

衣侧缝腰节线对位点、裤装侧缝中裆线对位点等，侧缝对位点控制等长缝合，而绱袖对位点控制袖山吃势大小及分布。轮廓线上需要做标记的位置用专业剪口钳剪出 0.5cm 深的剪口，如图 1-2 所示，也可用剪刀剪出 0.5cm 深的三角形剪口。

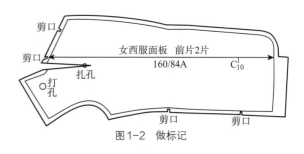

图 1-2　做标记

（2）定位标记：衣片内部需要明确定点位置的记号，如收省的位置、口袋的位置等。需要做记号的点位用锥子扎孔，孔径约为 0.3cm。为避免缝合后露出锥孔，扎孔时一般比实际位置缩进 0.3cm 左右，如图 1-2 所示。

5.标注文字与符号

样板是重要的技术资料，裁剪与缝制过程中都要用到，而且每套样板都包括许多样片，为方便使用，在每个样片上都应该做必要的文字标注。

标注内容包括款式及样片名称、号型或规格、样片数量、纱向及其他需要签注的基本信息（姓名和日期等）。

6.样板的检验与确认

样板全部完成后，必须经过检验与确认无误后才可以剪下备用。检验和确认包括规格的检验与确认、相互对应的缝合边形状和长度的检验与确认、衣片拼接组合后整体轮廓圆顺度的检验与确认。

四、服装材料基础

服装材料包括服装面料和辅料，除面料以外均称为辅料。

（一）面料的选用

面料是构成服装的主体材料，面料的材质和纺织加工方法影响其外观与性能，要根据服装的穿用需求进行选择。

1.选择面料的原则

（1）功能原则：考虑面料的特点必须符合服装功能的要求，如儿童和老年人的睡衣要求阻燃功能。

（2）色泽原则：考虑面料的色泽和图案必须与设计要求相符或相近。

（3）质感原则：若服装款式是两种或以上面料的组合，则要考虑几种面料的厚薄、密度、缩率等质感是否协调，寿命和牢度是否一致。

（4）工艺原则：考虑所选面料必须符合该款式服装的缝纫、熨烫等加工要求。

（5）价格原则：考虑服装的档次，以免成本过高影响销量。

（6）卫生原则：对内衣、婴幼儿服装要考虑卫生保健，对皮肤应无刺激作用。

（7）综合原则：综合考虑，尽力兼顾。一旦不能顾及时可以有所侧重。

2.服装面料选用实例（表1-14）

表1-14　服装面料选用实例

服装名称	适用面料名称
男西服套装	全毛牙签条花呢、涤黏混纺花呢等
男西裤	纯涤纶仿毛织物、涤黏混纺板司呢、涤棉混纺卡其等
男、女衬衫	涤棉府绸、纯棉细布、丝光棉布、人造丝交织缎、真丝面料、全棉条格色织布、玉米纤维面料、牛奶纤维面料等
风衣、夹克	涤棉卡其、全棉粗平布、仿麂皮等
女便服	全棉灯芯绒、全棉条格色织布、全棉牛仔布、针织面料等
睡衣	全棉毛巾布、全棉针织布、莫代尔针织布、真丝缎面料等
童装	全棉或涤棉印花布、条格布、棉绒布、泡泡纱、人造毛皮等
羽绒服	涤棉高密全线府绸、锦纶涂层塔夫绸等
女礼服	紫红、粉、蓝等色的丝绒、软缎、锦缎、金银丝闪光面料等
男礼服	以黑白两色为格调的礼服呢、华达呢、涤棉高支府绸等
旗袍	夏季：真丝双绉、绢纺等；春秋：织锦缎、古香缎、金丝绒等

（二）里料的选用

里料是服装的内层布料，覆盖在面料的反面，全部覆盖的称为"全挂里"，部分覆盖的称为"半挂里"，春秋装和冬装一般都需要里料。

1.里料选配原则

（1）里料与面料性能匹配：即缩水率、耐热性、洗涤用洗涤剂的酸碱性尤其要一致。其次强力、弹性、厚薄也要相随，如纯棉或人造棉里料适用于纯棉服装、羊绒大衣或裘皮大衣等，且宜用较厚的里料。另外，易产生静电的面料要选配易吸湿和抗静电的里料。

（2）里料与面料颜色和谐：里料颜色要与面料颜色相同或比面料颜色略浅。

（3）里料与面料柔软随和：一般里料比面料要柔软和轻薄，里料和面料要自然随和，否则，"两张皮"现象会大大降低服装的档次。

（4）里料与面料成本相符：一般成本高的高档面料宜配价格较高的里料，低价、低档面料则宜配价廉的里料。总之，里料不仅要符合美观实用原则，更要符合经济原则，以降低服装成本，提高服装生产利润。

2.常用的里料选配实例（表1-15）

表1-15 服装里料选用实例

里料名称	适用服装	性能
纯棉布	适用于婴幼儿服装和夹克便服等	保暖舒适，方便洗涤，但不够光滑，易缩水，较厚重
尼龙绸	适用于风雨衣、羽绒服等	轻薄耐磨，光滑有弹性，回潮率为4%，不缩水
涤纶绸	适用于风雨衣、羽绒服等	与尼龙绸相似，比尼龙绸价格低廉，但回潮率只有0.4%，易起静电
铜氨丝绸	适用于各类秋冬季服装	吸湿快干，柔软顺滑，不易产生静电，但不耐碱，避免使用碱性洗涤剂
醋酯纤维绸	适用于休闲外套、夹克、呢子大衣和毛皮大衣等各类服装	光滑、质轻、裁口边缘易脱散，与真丝里料相似
涤棉混纺绸	适用于羽绒服、夹克和风衣等	吸湿、坚牢而挺括、光滑，适用于各种洗涤方法
羽纱	适用于各类秋冬季服装	正面光滑如绸，反面如布，具有天然纤维的优点，缝制加工方便

（三）衬料的选用

衬料是黏附或紧贴在服装面料反面的材料，是服装的骨架。黏附衬料可以使服装造型丰满、挺括、稳定，线条优美，并有保暖的作用。

1.衬料选配原则

（1）根据面料的材料性能选配，衬料和面料的缩水率要一致。

（2）根据面料的组织结构选配，弹性大的面料要选弹性衬料。

（3）根据服装款式的要求选配，需要服装笔挺时要选用身骨较硬的衬料。

（4）根据制作工艺条件选配，需要高温定型、熨烫的服装要配以耐高温的衬料。

2.衬料选配实例

常见的服装各部位衬料选配实例见表1-16。

表1-16 常见的服装各部位衬料选配实例

分类	用衬部位	选用衬料名称
胸衬	底衬	黏合衬
	挺胸衬	黑炭衬、马尾衬
	保暖衬	薄型毛毡、腈纶棉
	下节衬（前身腰节线以下加放的衬）	棉布衬、黏合衬
	肩部补强衬	麻布衬
	胸部固定衬	棉布衬

续表

分类	用衬部位	选用衬料名称
领衬	衬衣领	机织布黏合衬、非织造布黏合衬
	西服领	领底呢、机织布黏合衬、非织造布黏合衬
挂面衬	门襟部位	机织布黏合衬、非织造布黏合衬

（四）缝纫线的选用

常用的缝纫线有多种，根据制作服装的需要合理选用。

1.缝纫线的选用原则

（1）色泽与面料要一致，除装饰线外，应尽量选用相近色，且宜深不宜浅。

（2）缝线缩率应与面料一致，以免缝纫物经过洗涤后缝迹会因缩水过大而使织物起皱；高弹性及针织类面料，应使用弹力线。

（3）缝纫线粗细应与面料厚薄、风格相适宜。

（4）缝线材料应与面料材料特性接近，线的色牢度、弹性、耐热性要与面料相适宜，尤其是成衣染色产品，缝纫线必须与面料纤维成分相同（除特殊要求外）。

2.缝纫线选配实例

常见的缝纫线选配实例见表1-17。

表1-17 常见的缝纫线选配实例

分类	名 称	用 途
纯棉线	纯棉软线	适用于缝纫棉织物等素色织物
	丝光棉线	适用于缝纫棉织物
	蜡光线	适用于缝纫皮革等硬面料或需高温熨烫的面料
涤纶线	涤纶长丝线	适用于缝制军服等结实耐用的服装
	涤纶弹力丝线	适用于缝制健美服装、运动服等弹力服装
	涤纶短线	适用于缝制混纺织物服装
锦纶线	锦纶长丝线	适用于缝制化纤、呢绒、针织物等有弹性且耐磨面料的服装

五、思考与实训

1.纸样确认包括哪些内容？

2.加放缝份时需要考虑的因素有哪些？

3.样板标记分为哪几类？如何在样板上做标记？

4. 根据面料的原则，举例说明适用于休闲裤的面料。

5. 适用于旗袍的面料有哪些？

6. 里料和衬料的选配原则分别是什么？

第二节　制作工艺基础

服装制作工艺是根据服装造型的需要，将平面的服装材料裁剪为特定形状的裁片，并借助专业设备，将各裁片有序组合为成衣的过程。其主要包括裁剪工艺和缝制工艺两部分。

一、裁剪工艺

裁剪工艺的任务是把服装材料按照样板要求剪成裁片，具体工作分为排料和裁剪两部分。

（一）排料

排料是将服装样板在面料幅宽范围内合理排放的过程。为了保证裁片质量并尽可能降低材料成本，排料需要做到严谨而合理。

1. 排料原则

（1）保证设计要求：当服装款式对面料花型、条格等具有一定要求时，样板的选位必须能保证成衣效果要求。

（2）符合工艺要求：服装工艺设计时对衣片的用布方向、对称性、对位及定位标记都有严格要求，排料时必须严格遵循。

（3）节约用料：服装材料成本是总成本的主要组成部分，减少耗材便可以降低成本，所以在保证设计与工艺要求的前提下，尽可能节约用料也是排料应遵循的原则。

2. 排料要求

（1）样板确认：复核样板各部位尺寸；清点样板数量，保证部件齐全，不多不少；检查标注内容是否完善，包括对位标记、定位标记、正反面纱向符号等。

（2）衣片对称：服装中大多数衣片具有对称性，制作样板时通常只制出一片，单层排料时需要特别注意将样板正面、反面各排一次，所以要求样板正、反面都要有纱向符号，并且必须方向一致，避免排料时出现"一顺"或漏排现象。如果衣片不对称，必须确认正面效果，以防左右颠倒。

（3）标记完整：全部对位标记、定位标记都需要复制于裁片上，以确保缝制工艺正常完成。

（4）纱向要求：严格地讲，排料时必须使样板上的纱向符号与布边保持平行，在某些情况下，为了节约用料，一些用料可以允许少量偏斜（≤3%）。

（5）色差规定：有些服装面料存在色差，排料时要注意重点部位样板位置的选择，要求符合国家标准的规定。

（6）对条对格：排料时要求各类相关衣片的条格对称吻合，以保证成衣的外观。普通服装主要对条对格的部位如图1-3所示。

3.排料方法

排料前，面料需要经过预缩、烫平、整纬等处理。单件裁剪时，面料有三种平铺方式，如图1-4所示。一是单层平铺于裁案上，反面朝上，布边与案边平行；按个人习惯由左（右）下角处排起。二是双层铺料，将面料正面相对，两侧布边叠合后置于靠近裁案边一侧，双折边在内侧。三是将面料沿经纱方向部分双折，折叠宽度根据样板需要，双折边靠近裁案边一侧。

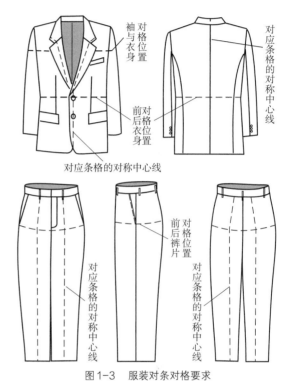

图1-3　服装对条对格要求

具体排料时，有"先大后小，紧密套排，缺口合并，合理拼接"的技巧。

（1）先大后小：排料时，先排重要的大片，保证工艺要求，小片填补空隙，合理穿插。

（2）紧密套排：样板形状各有不同，排料时尽可能做到直线对合，斜线反向拼合，凹凸相容，紧密套排。

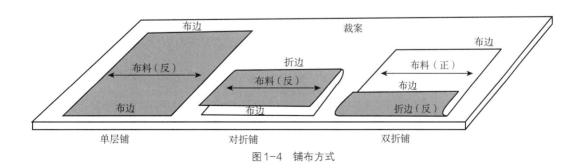

图1-4　铺布方式

（3）缺口合并：样板间的余料互相连续时，便于小片的插入，因此可以把两片样板的缺口拼在一起，加大空隙。双层铺料时要求由布边处排起，余料留在双折区域，可利用的机会较多。

（4）合理拼接：服装零部件的次要部位，在技术标准内允许适当拼接，目的是提高布料的利用率；但拼接时，多一道工序，耗材耗工，需要权衡利弊，慎重采用。拼接要以不影响外观为原则。

4.样板拷贝

将样板排列定位后，用划粉或水溶性彩笔拷贝到布料上。为保证拷贝的一致性，需临时将样板与布料固定，画线尽可能清晰、精细且均匀，同时注意标记，确保拷贝全部完成后，才可以将样板移开，并按顺序整理后保存，备用。

（二）裁剪

裁剪需要将布料的全部样板拷贝样分别剪开。

1.工艺要求

精确性是裁剪工艺的主要工艺要求，为此，裁片时必须沿着画线外沿剪。裁剪顺序为先小后大，因为先裁大片的话，余下的布料面积小而且零乱，不易把握，容易造成裁片变形或漏裁。

2.裁剪方法

裁剪操作时，需要右手执剪，剪刀前端依托裁案，较直的裁边部位刃口尽量张开，一剪完成后，再向前推进，减少倒口；裁剪曲度较大的部位时刃口只需要张开一半，边裁边调整前进方向；同时左手轻压剪刀左侧布料，随剪刀跟进，双层裁剪时左手辅助尤其重要，可减少上下层裁片的误差。切忌将布料拎起，离开裁案裁剪。

裁片分离后，在需要的位置扎孔、画线或打剪口做标记，要求位置准确，不能遗漏。特别注意打剪口的深度，要求为"1/3缝份＜深度＜1/2缝份"，剪口过深会影响缝合，过浅会不易对合。

3.裁片检查

对裁好的衣片进行质量与数量的检查是必需进行的工作，通常称为验片。检查包括以下几项：

（1）形状准确：裁片与样板的尺寸、形状保持一致，左右对称，正反无误，边缘整齐圆顺。

（2）标记齐全：裁片上剪口与定位孔清晰，位置准确，无遗漏。

（3）数量一致：裁片与样板要求数量一致，无遗漏或多余。

（4）条格对应：要求条格对应的部位相合。

（5）外观合格：裁片纱向、色差、残疵等项符合标准要求。如果检查有不合格的衣片，需要及时更换。

二、缝制工艺

缝制工艺是指将裁好的衣片按一定的顺序及组合要求缝制成服装的过程。服装工艺设计主要指缝制工艺设计，包括流程设计、部位与部件工艺设计、组合工艺设计。

（一）流程设计

流程设计是针对工艺特点及要求进行缝制顺序的安排。为方便表达流程，必须明确缝制过程中各部位的先后关系，每个部位各步骤的先后顺序，也就是通常所说的工序。

1.工序划分

工序划分需要详细了解服装的外观要求、规格与结构、工艺方法及技术要求，通过对成衣全部操作内容的分析与研究，以加工部件和部位为对象，按其加工顺序划分。加工顺序一般为先小后大，先局部后整体。具体划分时，要做到既不影响成衣效果，又便于操作；既要保证成品质量，又要考虑工作效率；既要考虑传统工艺，又要积极摸索和采用新工艺、新技术、新设备。

2.工艺流程

以框图的形式表达划分好的工序，称为工艺流程框图。框图可以概括地表达工艺流程，便于初学者掌握。

（二）部位与部件工艺设计

服装一般都由衣片和部件组成，不同部位的衣片有不同的工艺制作方法及要求，称为部位工艺；部件与衣片相对独立，不同部件的工艺制作方法及要求也不同，称为部件工艺。本书的制作工艺图例说明见表1-18。

（三）组合工艺设计

工艺流程设计时，要求先局部后整体，局部指的是部位和部件工艺，整体指的是部位衣片的组合及部件与衣片的组合，称为组合工艺。

不同部位及部件的组合方式会有所不同，需要根据工艺方法进行，但常规的工艺要求是基本一致的，即组合位置准确，接合平服，顺序合理。

（四）常用手缝针法

服装缝制工艺中常用的手缝针法在《服装工艺设计与制作·基础篇》第三章第一节中有详细说明。常用手缝针法的用途见表1-19。

表1-18 本书制作工艺图例说明

项目	说明	图例
数值	本书图中的数值单位凡未作特别说明的，均为厘米	
用色	图中不同灰度的区域表示不同的裁片（物体）或者同一裁片的正反面	
工艺步骤	深色填充的圆角框内，①②③……表示顺序，文字表示工艺名称	
操作要点	圆角线框内的文字表示工艺中的操作要点	
回针符号	实心圆表示起（止）缝点，线条表示绱线路径，未作特别文字说明的均要求往复重合绱线	
侧视图	位于对应的正视图旁边，辅助说明工艺细节	
线迹	虚线表示缝纫线迹，其中比较粗的虚线为当前工序中的线迹，比较细的虚线为之前工序已经完成的线迹	

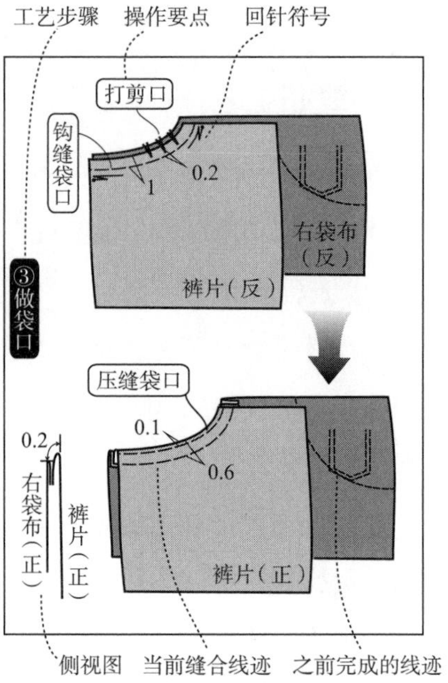

表1-19 常用手缝针法的用途

针法	用途
拱针	适用于收细褶、预缝袖山头吃势等
打线丁	用缝线在两层相同的衣片上做对应的缝制标记，多用于毛料服装
回针	用在毛料服装的领口、袖窿等受力部位，可以防止拉伸变形，同时具有加固作用
顺钩针	仿机器线迹的针法，缝合牢固，稳定性好，适用于两片间的连接
缭针	适用于真丝、呢类服装贴边的固定
缲针	适用于贴边的固定
三角针	用于贴边的固定，同时能够覆盖毛边
杨树花针	一种具有装饰性的花型针法，可用于女装里子下摆贴边的固定
锁针	适用于锁扣眼。平头眼一般用在衬衫、内衣、童装上；圆头眼用于外套，横向开眼的夹、呢、棉的服装上
钉针	钉扣针法。纽扣分为实用扣、装饰扣两种。装饰扣只需平服地钉在衣服上，而实用扣要求绕有线柱
拉线襻	活线襻用于带活里的服装下摆处面料贴边与里子的连接；梭子襻用于袖开衩处作假扣眼；双花襻用于驳头的插花眼
套结针法	用于中式服装摆缝开衩处、袋口两端、前门襟封口等部位，既增加牢度又美观
绕缝	用于毛呢服装边缘无法锁边的部位，使毛边不易散开

（五）常用机缝针法

缝合也称为缉缝、缉线或车缝，被缝合部位长度不变的称为平车，长度变短的称为吃（缝），长度变长的称为赶（缝）。按照缝合后裁片间相对关系的不同，针法可以分为平缝、钩缝和压缝三类。平缝是指裁片相叠缝合后打开平铺，钩缝是指裁片相叠缝合后再反向叠合，压缝是指裁片相叠缝合前后没有位置关系的变化。无论哪种针法，必须满足服装工艺的基本要求，即缝口平服顺畅、连接牢固、正反面无毛露，为此缝合时要做到缉线顺直、起针落针倒回针、合理处理毛边。

服装缝制工艺中常用的机缝针法在《服装工艺设计与制作·基础篇》第三章第二节中有详细说明，常用机缝针法的用途见表1–20。

表1–20　常用机缝针法的用途

针法		缝型示意图	特征及用途
连接类	平缝		缝合1次，正面无线迹，反面缝份分开或者倒向一侧，有毛边，广泛用于裁片间的连接
	分缉缝		缝合3次，正面有线迹，反面缝份劈开并缉线固定，有毛边，常用于领子的拼接
	坐缉缝（固压缝）		缝合2次，正面有线迹，反面缝份倒向一侧并缉明线固定，有毛边，多用于休闲类服装分割线处的缝合
	分坐缉缝（分压缝）		缝合2次，正面无线迹，反面缝份劈开并缉线固定其中一侧，有毛边，多用于缝合裤装后裆缝
	搭（压）缝		缝合1次，正面有线迹，正面和反面均有毛边，用于衬料、胆料等的拼接
	排（压）缝		缝合2次，正面有线迹，正面和反面均有毛边，用于衬料或胆料的拼接
	扣压缝（压缉缝）		缝合1次，正面有线迹，反面有毛边，多用于缉过肩、钉贴袋等
	来去（平）缝		缝合2次，正面无线迹，反面缝份倒向一侧，无毛边，常用于女衬衫（薄料）和童装的摆缝、袖缝等处
	滚包（平）缝		缝合1次，正面无线迹，反面缝份倒向一侧，无毛边，主要用于薄料的缝合
	内包（平）缝		缝合2次，正面有单线迹，反面有双线迹，无毛边，牢度高，主要用于男衬衫、工装裤、牛仔裤的缝制
	外包（平）缝		缝合2次，正面有双线迹，反面有单线迹，无毛边，牢度高，主要用于男衬衫、风衣、夹克的缝制

续表

针 法		缝型示意图	特征及用途
止口类	折边（压）缝		缝合1次，正反面均有线迹，常用在非透明布料的裤口、袖口、下摆底边等处连裁贴边的固定
	卷边（压）缝		缝合1次，正面有线迹，用于透明布料的裤口、袖口、下摆底边等处连裁贴边的固定
	灌（压）缝（漏落缝）		缝合2次，正面无线迹，用于固定挖袋嵌线、装腰头、包止口毛边等
	骑缝 双面夹缝		缝合1次，正面有线迹，用于装袖克夫、袖衩、滚条等
	骑缝 反正夹缝		缝合2次，正面有线迹，用于装领、腰头、门襟条等
	骑缝 正反夹缝		缝合2次，正面有线迹也可无线迹，用于装腰头
	钩压缝		缝合2次，正面有线迹，用于做贴边止口，做袋盖、领子、襻等双层部件

三、熨烫工艺

熨烫是服装加工过程中的一道重要工序，业内素有"（成衣）三分做，七分烫"的说法。

（一）熨烫要素

温度、压力、时间、湿度是熨烫工艺的基本要素，各要素配合适当，可达到定型的完美效果。

1.熨烫温度

各种布料因材料和染料等的不同，要求的熨烫温度也不同，可通过试烫法试验后确定。调温熨斗上已明确各类面料适宜熨烫的温度，正常情况下可直接选定。常见面料熨烫温度和时间见表1-21。

表1-21 常见面料熨烫温度和时间

衣料品种	熨烫温度（℃）	原位熨烫时间（s）	方 法	衣料品种	熨烫温度（℃）	原位熨烫时间（s）	方 法
尼龙织物	90~110	3~4	干烫	混纺呢绒	140~160	5~10	盖湿布熨烫
涤棉、涤纶	120~160	3~5	喷水熨烫	毛涤	140~160	5~10	盖湿布熨烫
丝绸	110~130	3~4	干烫	全棉府绸	150~160	3~5	喷水熨烫
棉坯布	130~150	若干	喷水熨烫	全毛呢绒	160~180	10	盖湿布熨烫

2.熨烫湿度

许多布料熨烫时需要加湿，使其保持一定的湿度，尤其是对天然纤维织物，湿度的大小会直接影响熨烫效果。

注意：合成纤维织物不能简单地加湿加温，如果经过高温水浸泡，就会把布料弄得很皱，更不易烫平。如维纶在潮湿状态下受高温会收缩熔化，所以只能干烫。

3.熨烫的压力和时间

熨烫压力和时间的选定随布料的质地、厚薄而定。衣料薄或织物组织疏松，所需压力小，时间短，温度也低；对于厚实紧密的面料则相反。

熨斗不宜在布料的某一位置长时间停留或重压，以免留下熨斗的印痕或烫变色。

（二）熨烫手法

操作熨斗的手法有提、压、滑、推等，熨烫时，需要根据熨烫效果要求适当调整手法。"提"指的是提起熨斗，"压"指的是熨斗不动时施加压力，"滑"指的是不加压力地移动熨斗，"推"指的是在移动熨斗时同步施加压力。经过熨斗"推"的布料，会沿推移方向变长，并且压力越大，产生的变形越大。

（三）熨烫技法

根据熨烫目的的不同，熨烫技法大致分为平烫、起烫、分烫、扣烫、压烫、归拔等。无论采用哪种技法，在操作前都应试烫，以免损坏面料。熨烫技法在《服装工艺设计与制作·基础篇》第三章第三节中有详细说明，表1-22列出了常用熨烫技法的用途。

表1-22　常用熨烫技法的用途

熨烫技法	用途
平烫	常用于布料去皱、缩水或服装的表面整理等
起烫	用于处理织物表面留下的水花、极光或绒毛倒伏现象
扣烫	用于裁片缝份或贴边净线处的扣折和定型。平扣烫用于沿直线扣折的部位；缩扣烫用于沿外凸曲线扣折的部位；伸扣烫用于沿内凹曲线扣折的部位，凹势较大时需要在缝份内打剪口
归拔	用于服装特定区域面料的变形和定型。归用于收缩变形，拔用于拉长变形
压烫	主要用于服装止口处的压实定型，如领、衣襟、下摆底边、袖口等部位的定型
分烫	用于将缝合后的缝份分开并压烫定型。缝口不需要长度变化时用平分烫，缝口需要变长时用伸分烫，缝口需要变短时用缩分烫
坐烫	用于将缝合后的缝份倒向一侧并压烫定型

四、质量检查

为保证成品符合质量要求，需要随工艺进行检查，如样板质量检查、裁片质量检查、缝制质量检查、熨烫质量检查等。工艺完成后还需要进行成品质量检查。

检查的方式分三个层次：一是自检，每部分工作完成后，养成自觉复查的好习惯，发现问题及时修正；二是互检，同学间交互检查，在检查的过程中也是互相学习的过程；三是专检，专职的质检人员（老师）把关，确保成品质量。

服装成品的部位按照对外观影响程度的大小分为4个等级，如图1-5所示。其中0级为最重要的部位，1、2、3级依次降级。等级越高的部位对面料和工艺的要求越高。

各类服装质量标准国家有统一规定，检查应该遵照规定执行。

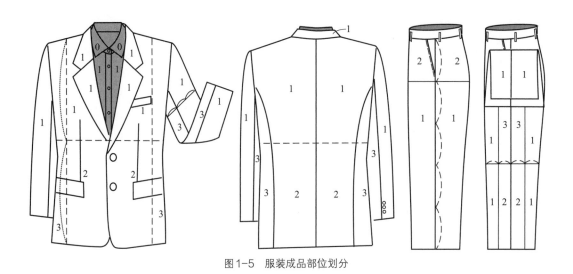

图1-5 服装成品部位划分

五、思考与实训

1.排料时有哪些要求？举例说明排料的技巧。

2.可用于固定贴边的手缝针法有哪些？

3.能够做净毛边的连接类机缝针法有哪些？这些针法有什么不同？

4.举例说明骑缝针法的用途，分析骑缝操作时的难点并说明突破难点的方法。

5.影响熨烫效果的因素有哪些？请举例说明。

6.常用的熨烫手法有哪些？熨烫技法中"归""拔"的区别是什么？

7.什么是质量检查，在服装生产中哪些流程需要质量检查？

实践训练与技术理论

课题名称：裤装工艺

课题时间：48课时

课题内容：裤装部件、部位工艺的设计与制作（16课时）

　　　　　　牛仔裤缝制工艺（8课时）

　　　　　　女西裤缝制工艺（8课时）

　　　　　　男西裤缝制工艺（16课时）

教学目的：通过对裤装缝制工艺的学习，使学生系统掌握裤装部件工艺、不同裤装的缝制工艺及质量要求，提高学生的动手能力、实际操作能力。通过训练使学生更加深入地理解专业课程，在培养学习兴趣和拓展专业课程学习的同时，树立开拓创新的思想意识，塑造刻苦钻研的品质精神，为服装专业相关课程的学习奠定扎实的基础。

教学方式：理论讲授、展示讲解和实践操作相结合，同时根据教材内容及学生具体情况灵活制定训练内容，依托基本理论和基本技能的教学，加强课堂与课后训练，安排必要的线下、线上辅导，强化拓展能力。

教学要求：1.掌握不同的裤装部件缝制技术与方法。

　　　　　　2.了解不同款式裤装面料的选购方法。

　　　　　　3.掌握裤装样板的放缝要点、排料方法。

　　　　　　4.掌握不同款式裤装的缝制程序和技术。

　　　　　　5.掌握裤装的缝制工艺质量标准。

　　　　　　6.了解裤装缝制新工艺、新技术。

第二章　裤装工艺

　　裤装是双腿分别被包覆的下身服装。早期裤装只为男性穿用，20世纪初女性才开始穿着。裤装的实用性很强，便于人们日常活动和生产劳动。裤子的种类也很多，可以根据款式、造型、裤长以及材料和用途的不同进行分类。从总体上说，裤装分为男裤、女裤和童裤；按面料和外观分类可分为西裤、休闲裤和牛仔裤；按造型和款式分类可分为直筒裤、紧身裤、喇叭裤、灯笼裤、铅笔裤、阔腿裤、打底裤、裙裤等。

　　裤子的款式多样，穿着范围广泛，在人们的生活中占据着重要地位。因其品种繁多，所以裤装的缝制工艺也多种多样，本章以最常穿着的裤装品种为例，具体介绍裤装的缝制工艺。

第一节　裤装部件、部位工艺的设计与制作

课前准备

一、材料准备

1.白坯布：部件练习用布，幅宽160cm，长度100cm。

2.拉链：约20cm长的普通拉链两条，要求与面料顺色。

3.缝线：与面料颜色及材质相匹配的缝线。

4.无纺衬：幅宽90cm，用量约为30cm。

二、工具准备

备齐制图常用工具与制作常用工具，调试好平缝机、包缝机。

三、知识准备

复习第一章第二节中的"缝制工艺"部分。

　　与裤装相关的部件和部位工艺包括口袋工艺、门襟工艺、串带工艺、腰头工艺等。

一、口袋工艺

口袋作为实用性部件，同时对外观也有一定的影响，所以也是常见的款式设计点之

一。根据外观和工艺特征不同，裤装常用的口袋分为三类，即贴袋、插袋、挖袋，裤装口袋的相关设计见表2-1。

表2-1 裤装口袋的设计

类别	设计说明	设计实例	工艺分析
贴袋	贴袋多用于休闲裤，分为平贴袋和立体贴袋两类，其位置、大小、形状可根据裤装款式和功能需求进行设计		贴袋工艺包括口袋成型和钉袋两部分 口袋成型工艺包括袋面装饰、袋口、袋侧及袋底等工艺，钉袋工艺一般为扣压缝
插袋	插袋位于裤装的接缝处，适用于各类裤装。袋口走势可以为纵向、横向、斜向，袋口形状可直可弯，也可设计成其他形状，袋口处可有花边、线迹、褶裥等装饰性设计		插袋所在接缝处的缝份要求劈缝时，应该先接缝袋口以外的区域再做袋口区；接缝处的缝份要求倒缝时，则先做口袋再接缝 袋口要求保型性好且不露袋布，另绱贴边或者无贴边时采用钩压缝工艺；直线袋口可以连裁贴边，采用搭缝与缉明线的组合工艺 袋底工艺用来去缝或者平缝之后在袋布毛边处包滚条
挖袋	挖袋可以根据需要设计在裤装不同的位置，通常设在后裤片。袋口处的嵌线是主要设计点，其数量（单嵌线或双嵌线）、宽度、形状、层次都可以变化，还可以附加装饰 挖袋袋口处还可以增加袋盖、拉链、扣襻等，增强袋口的安全性，也具有装饰性		挖袋需要在袋口处剪开裤片，由嵌线（垫袋布、袋盖）做净袋口四周，两端封三角。嵌线上有设计时，要在装嵌线前先完成设计效果 袋盖双层采用钩压缝工艺，袋盖可以夹在上、下嵌线之间固定，也可以代替上嵌线做净袋口 袋口需装拉链时，先由嵌线做净袋口，再沿袋口四周缉线固定拉链 袋底工艺用来去缝或者平缝之后在袋布毛边处包滚条

（一）贴袋工艺

贴袋是裤装中工艺较为简单、款式多变的一类部件，袋布直接缝在裤片表面，可以分为平贴袋、立体贴袋两类。

1.尖角平贴袋

平贴袋的袋布与裤片贴合在一起，袋内只适合装比较薄的物品，口袋的形状根据款式需要设计，下面以牛仔裤后袋常用的尖角平贴袋为例说明其工艺。尖角平贴袋款式如图2-1所示，制作这种贴袋所需的裁片如图2-2所示。

图2-1 尖角平贴袋款式图

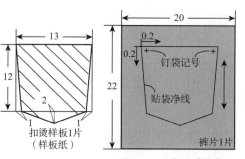

图2-2 尖角平贴袋裁片

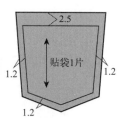

制作贴袋前需要先在裤片上画出袋位标记，注意标记位置比实际钉袋位置双向分别向内偏进0.2cm，以便钉袋后能够完全遮盖标记，贴袋具体工艺步骤如图2-3所示。

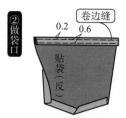

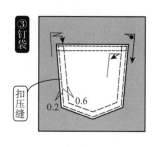

图2-3 尖角平贴袋工艺

①烫袋：贴袋布反面朝上平铺，找准位置放好扣烫样板；压住扣烫样板，先沿袋口扣烫贴边，然后将贴边对折扣净毛边；再烫其余袋边。在扣烫过程中注意扣烫样板不能在袋布上移动。

②做袋口：卷边缝袋口，沿袋口线缉线，熟练之后可以从正面缉线。

③钉袋：按要求位置钉袋，沿止口压缝，袋口两端重合回针进行加固。

口袋完成后要求位置准确、端正，袋口牢固、左右封口对称，缉线整齐顺直，布面平整。

2.方角风琴式立体贴袋

立体贴袋与衣片不贴合，其袋底角部采用收省、叠裥或抽褶等方式增加袋内空间，可以容纳体积较大的物品而且不影响外观，具有很强的实用性。下面以方角风琴式立体贴袋为例说明立体贴袋工艺。方角风琴式立体贴袋款式如图2-4所示，制作这种贴袋所需的裁片如图2-5所示。

制作贴袋前需要先在裤片上画出袋位标记，注意标记位置比实际钉袋位置双向分别向内偏进0.2cm，以便钉袋后能够完全遮盖标记。

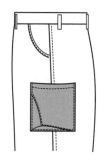

图2-4 方角风琴式立体贴袋款式图

方角风琴式立体贴袋的工艺流程如图2-6所示，具体工艺步骤如图2-7所示。

①烫袋：借助扣烫样板，扣烫袋口、袋面折边及四周毛边，注意先烫袋口贴边，再烫两侧，最后烫袋底边。

②做袋口：卷边缝袋口，熟练之后可以从袋布的正面缉线。

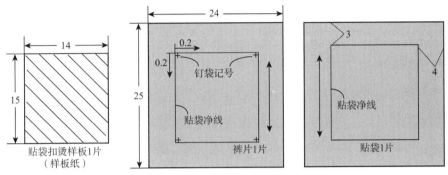

图2-5　方角风琴式立体贴袋裁片

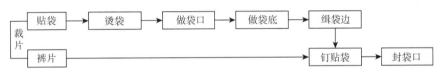

图2-6　方角风琴式立体贴袋工艺流程图

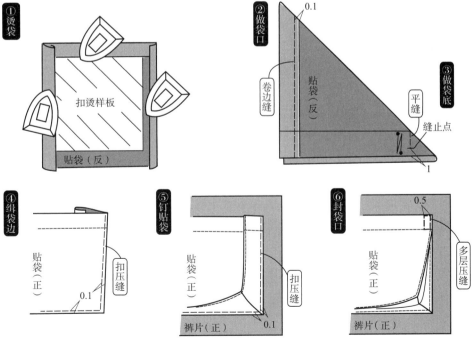

图2-7　方角风琴式立体贴袋工艺

③做袋底：将袋底角对折后沿袋底净线方向平缝袋角，缝至袋边的净线处，注意起止针重合回针。

④缉袋边：沿烫好的袋面两侧及底边的折边缉线，固定风琴袋的造型。

⑤钉贴袋：比对标记摆正袋位，沿袋布止口缉线钉袋。

⑥封袋口：袋口两端多层压缝，为了增强袋口牢度，可在裤片反面的对应位置加装支力布。

口袋完成后要求口袋位置准确，钉袋牢固，缉线整齐顺直，布面平整。

（二）插袋工艺

插袋是指袋口位于接缝处的一类口袋，接缝时留出袋口区域不缝，由袋布、贴边、袋口垫袋布等做净袋口并完成接缝。接缝后缝份的处理方式直接影响工序，缝份如采用倒缝方式，可以先在袋口所在的裁片上做口袋，然后进行两片间的接缝；缝份如采用劈缝方式，必须先接缝两裁片（留出袋口区域不缝），再做口袋。

1.腰缝表袋

腰缝表袋位于腰头与裤片的接缝处，袋口较小，隐蔽性好，其款式如图2-8所示。制作这种插袋所需的裁片如图2-9所示，其中内袋布用袋布裁剪，外袋布用裤装面料裁剪，在裤片和内袋布上需画出袋口标记。

裤片与腰头接缝的缝份倒向腰头，所以要先在裤片上做好口袋再绱腰头，具体工艺步骤如图2-10所示。

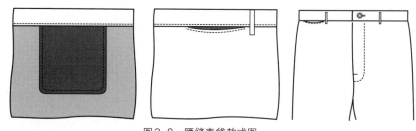

图2-8 腰缝表袋款式图

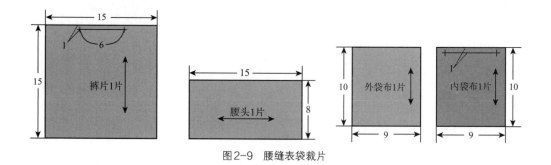

图2-9 腰缝表袋裁片

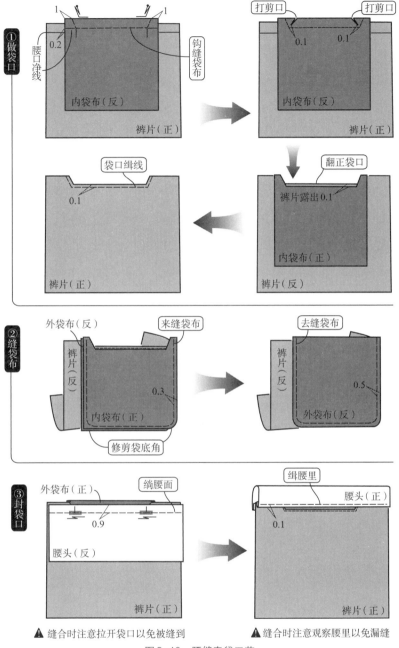

图2-10　腰缝表袋工艺

①做袋口：先将内袋布与裤片正面相对，内袋布的袋口标记高于裤片袋口标记0.2cm，沿内袋布袋口净线钩缝袋口，袋口两端斜向缝至边缘；在袋口两端的两层缝份上打斜剪口，剪至距离转折处线迹0.1cm；翻正并压烫袋口，注意袋口处裤片向内吐0.1cm；在距离袋口0.1cm处缉明线固定。

②缝袋布：用来去缝缉袋布，先将两层袋布反面相对，来（钩）缝袋底及两侧，缝

份0.3cm，注意袋底绱圆角；修剪袋布底角后翻出袋布，去（压）缝袋底及两侧，缝份0.5cm。

③封袋口：骑缝绱腰头，先将腰头的腰面一侧与裤片正面相对缝合，缝份0.9cm，注意在袋口两端区域重合回针封袋口，缝合袋口区域时不能缝到袋口；将腰里折向裤片反面并折净下口的缝份，距离腰面下口折边0.1cm绱线固定腰里，注意边缝边观察腰里的位置，避免漏缝或者错位。

2.裤前片横插袋

裤前片横插袋又称为月亮袋，袋口呈弧线状，垫袋布上有钱币袋，袋口、侧缝绱明线，多见于牛仔裤、休闲裤，其款式如图2-11所示，制作这种插袋所需的裁片如图2-12所示。侧缝缝份倒向后裤片，先在前裤片做口袋然后合侧缝，其工艺流程如图2-13所示。

裤前片横插袋具体工艺步骤如图2-14所示。

①做钱币袋：先将钱币袋四周锁边，然后按净线扣烫，上口绱双明线；在右裤片垫袋布相应位置绱双明线钉袋。

②装垫袋布：垫袋布的内口锁边后，将其上口、外口处分别与后袋布比齐，沿内口绱线固定。

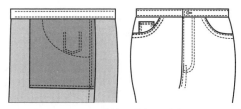

图2-11 前裤片横插袋款式图

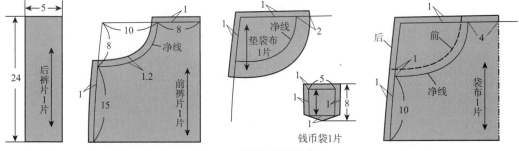

图2-12 前裤片横插袋裁片

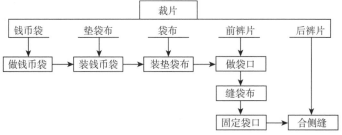

图2-13 前裤片横插袋工艺流程

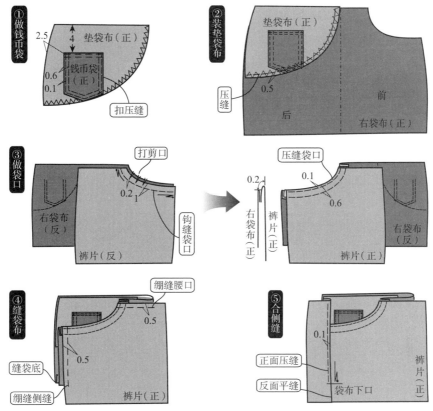

图2-14 前裤片横插袋工艺

③做袋口：将前袋布与裤片袋口钩缝（注意不能拉伸变形）；在袋口弧度较大区域的缝份上打剪口；翻正袋口，缉双明线（注意不能拉伸变形）。注意袋口处裤片缝份留出的0.2cm折转量，确保袋布不外露。

④缝袋布：先将袋布下口来去缝，再比齐袋口标记，在腰口、侧缝处绷缝固定袋布，缝份0.5cm。

⑤合侧缝：将前、后裤片正面相对缝合侧缝，缝份1cm；各层的缝份共同锁边倒向后裤片，在后裤片正面沿侧缝的缝口压缝固定至袋布下口的位置。

口袋完成后要求袋口平服，袋位准确，封口牢固，袋布平服。

3.侧缝直插袋

直插袋袋口位于臀围线以上，是裤子侧缝的一部分，袋口有明线，多用于女裤，其款式如图2-15所示。制作这种插袋所需的裁片如图2-16所示，裤片也可以只准备侧区的一部分。裤片侧

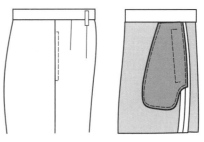

图2-15 侧缝直插袋款式图

缝要求劈缝，需要先合侧缝再做口袋，其工艺流程如图2-17所示。

缝制前一些裁片需要锁边，如裤片侧缝、垫袋布的下口及内口，直插袋（以右侧袋为例）具体工艺步骤如图2-18所示。

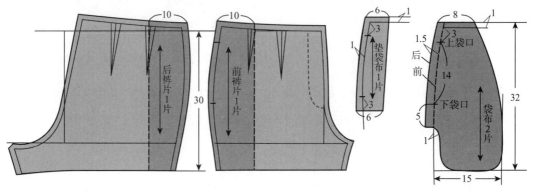

图2-16　侧缝直插袋裁片

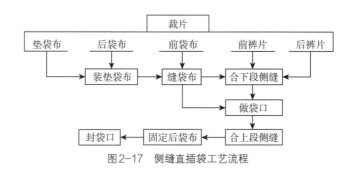

图2-17　侧缝直插袋工艺流程

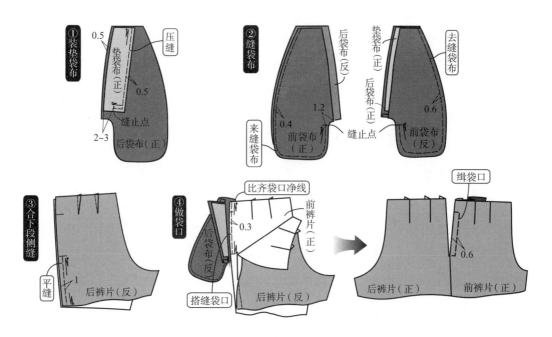

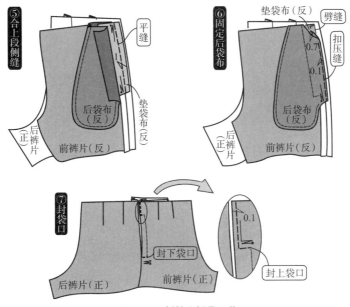

图2-18　侧缝直插袋工艺

①装垫袋布：垫袋布正面朝上摆放在后袋布正面的袋口处，沿垫袋布内侧及下口缉线固定，下口处距离侧缝2～3cm止缝。注意识别后袋布及垫袋布的正反面，避免装错位置或者左右袋不对称。

②缝袋布：用来去缝缉两片袋布的袋底，距袋口下端1.2cm处止缝。

③合下段侧缝：缝合前、后裤片袋口以下的侧缝，注意下袋口处重合回针，分烫缝份，顺势烫出前裤片的袋口净线。

④做袋口：将前裤片与前袋布比齐袋口净线搭缝；然后将裤片沿袋口折转，在正面缉袋口。

⑤合上段侧缝：从反面掀开后袋布，将垫袋布侧缝与后裤片侧缝缝合，注意两端重合回针，然后分烫缝份。

⑥固定后袋布：铺平袋布，将后袋布侧缝处的毛边扣折后压缝于后裤片缝份上。

⑦封袋口：铺平袋布及袋口，先下后上封袋口，袋口处重合回针3～4次。

口袋完成后要求袋口大小符合要求，封口牢固、美观，缉线顺直，止口均匀，袋口、侧缝及袋布平服。

4.裤侧缝斜插袋

斜插袋多用于男裤，袋口开在前裤片侧缝处，呈倾斜状，有明线装饰，有垫袋布，其款式如图2-19所示。制作这种插袋所需的裁片如图2-20所示，前、后裤片可以只裁侧区部分。裤片侧缝要求劈缝，需要先合侧缝再做口袋，其工艺流程如图2-21所示。

缝制前需要进行粘衬、画线、熨烫、锁边等准备工作。先在前片袋口处反面粘衬，然后在前裤片和垫袋布正面分别画出袋口净线，再沿前裤片袋口净线扣烫袋口贴边，将裤片侧缝及袋口、垫袋布的下口及内口区域锁边。

斜插袋（左侧袋为例）具体工艺步骤如图2-22所示。

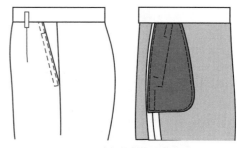

图2-19　裤侧缝斜插袋款式图

①做袋口：将前裤片与前袋布比齐袋口净线搭缝；在前裤片下袋口缝份处打剪口后将袋口贴边向裤片反面折转，理顺袋口及袋布，在袋口正面缉线。

②装垫袋布：垫袋布正面朝上摆放在后袋布正面的袋口处，沿垫袋布内侧及下口缉线固定，下口处距离侧缝2～3cm止缝。注意识别后袋布及垫袋布的正反面，避免装错位置或者左右袋不对称。

③来缝袋布：前、后袋布反面相对缝袋底，在距离侧缝3cm处止缝；翻正袋布压烫

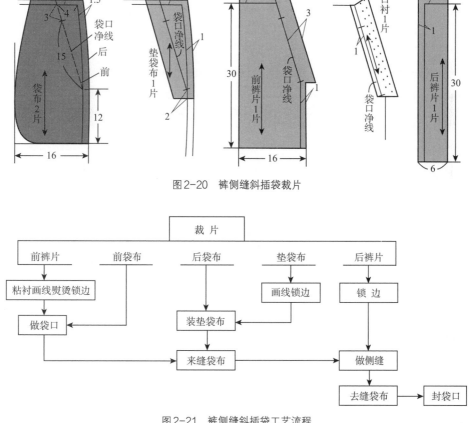

图2-20　裤侧缝斜插袋裁片

图2-21　裤侧缝斜插袋工艺流程

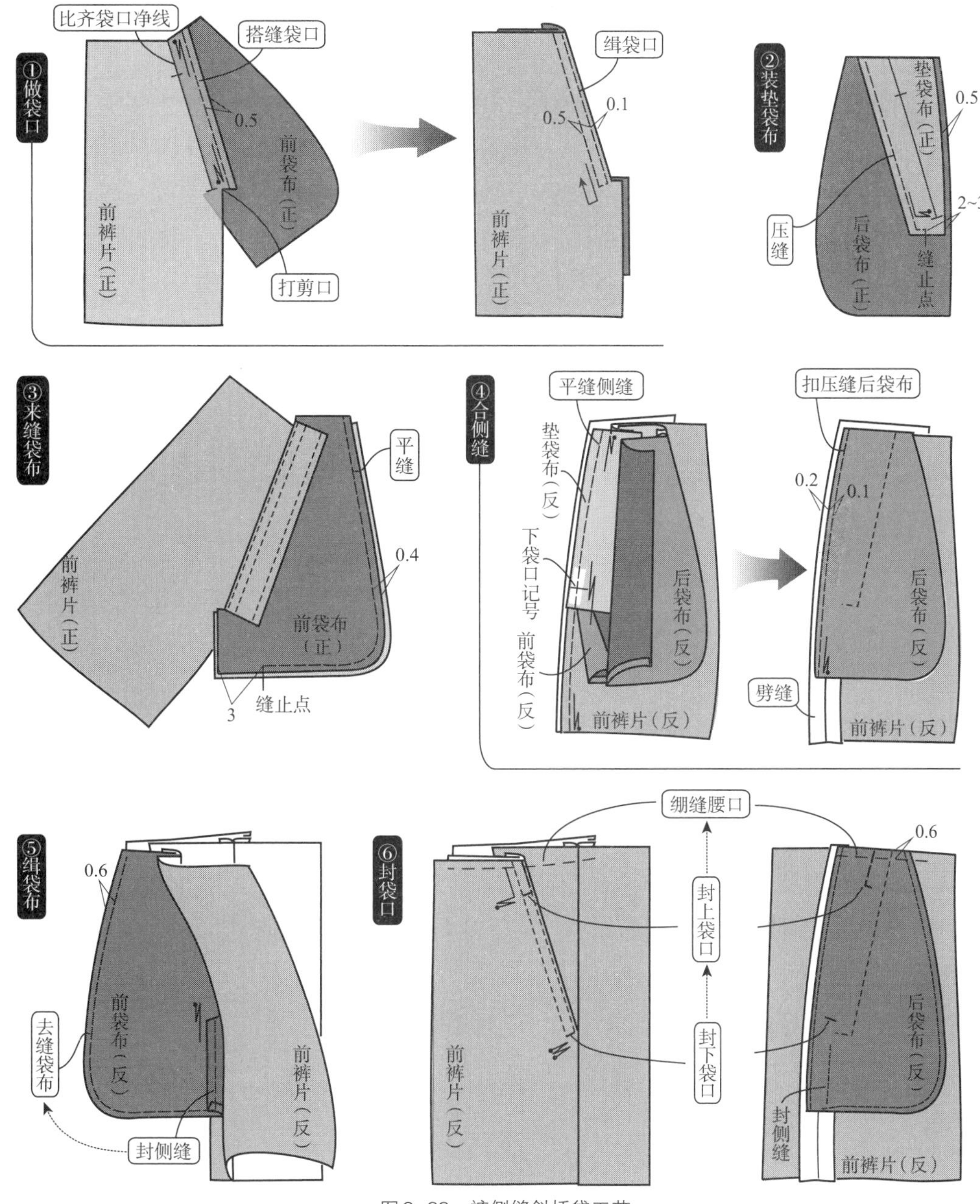

① 做袋口
比齐袋口净线
搭缝袋口
0.5
前袋布（正）
前裤片（正）
打剪口

缉袋口
0.5 0.1
前裤片（正）

② 装垫袋布
垫袋布（正）
0.5
压缝
后袋布（正）
2~3
缝止点

③ 来缝袋布
前裤片（正）
平缝
前袋布（正）
0.4
3 缝止点

④ 合侧缝
平缝侧缝
垫袋布（反）
下袋口记号
前袋布（反）
后袋布（反）
前裤片（反）

扣压缝后袋布
0.2 0.1
后袋布（反）
劈缝
前裤片（反）

⑤ 缉袋布
0.6
去缝袋布
前袋布（反）
前裤片（反）
封侧缝

⑥ 封袋口
绷缝腰口
封上袋口
封下袋口
前裤片（反）

0.6
后袋布（反）
封侧缝
前裤片（反）

图 2-22 裤侧缝斜插袋工艺

缝口，注意不能有坐势。

④合侧缝：掀开前后袋布，将垫袋布、前裤片侧缝与后裤片侧缝正面相对缝合，注意起止针处及下袋口区域重合回针；分烫侧缝缝份，扣烫后袋布侧边缝份0.7cm；将后袋布侧边与后裤片缝份缉线固定。

⑤缉袋布：平铺理顺裤片和袋布，绷缝上袋口；由正面掀开前裤片，在下袋口下方翻出前袋布侧缝缝份并沿侧缝净线折转；沿袋布缝份居中缉线，将其与前裤片缝份、后

袋布一并固定，完成袋布的侧缝封口，顺势沿袋底做去缝。

⑥封袋口：在裤片正面，先下后上分别封袋口，封上口时顺势绷缝腰口处。

完成后要求袋口平整、无变形且封口牢固，裤片和袋布平整。

（三）挖袋工艺

挖袋多用于裤装的后袋，由嵌线做净袋口四周的缝份，常见的有双嵌线挖袋、单嵌线挖袋和有袋盖挖袋。嵌线的缝份有倒缝和劈缝两种处理方式，外观上各有特点，采用倒缝式工艺时嵌线呈现内凹的立体效果，采用劈缝式工艺时嵌线与四周平齐。嵌线缝份的不同处理方式也使得挖袋的缝制工艺有所不同。

1.倒缝式双嵌线挖袋

倒缝式双嵌线挖袋的袋口上下分别有一条嵌线，嵌线的缝份分别倒向袋口四周，多用于男西裤，开袋机做挖袋就是采用这种方式。倒缝式双嵌线挖袋款式如图2-23所示，制作这种挖袋所需的裁片如图2-24所示，其工艺流程如图2-25所示。

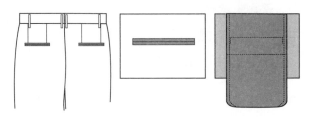

图2-23　倒缝式双嵌线挖袋款式图

缝制前需要进行粘衬、熨烫和画线的准备工作，如图2-26所示。

在裤片开袋位置反面粘衬，嵌线反面上口粘衬；确认裤片正面的袋口记号，在嵌线正面画袋口记号，距离上口2cm，左右居中，要求画线清晰准确且在制作完成后能够完全消除；沿袋口记号上、下1cm处扣烫嵌线。

倒缝式双嵌线挖袋制作工艺步骤如图2-27所示。

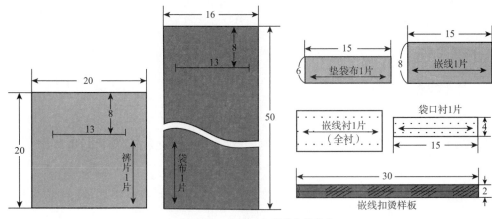

图2-24　倒缝式双嵌线挖袋裁片

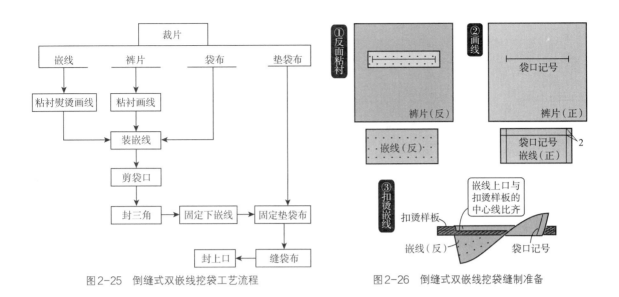

图2-25　倒缝式双嵌线挖袋工艺流程

图2-26　倒缝式双嵌线挖袋缝制准备

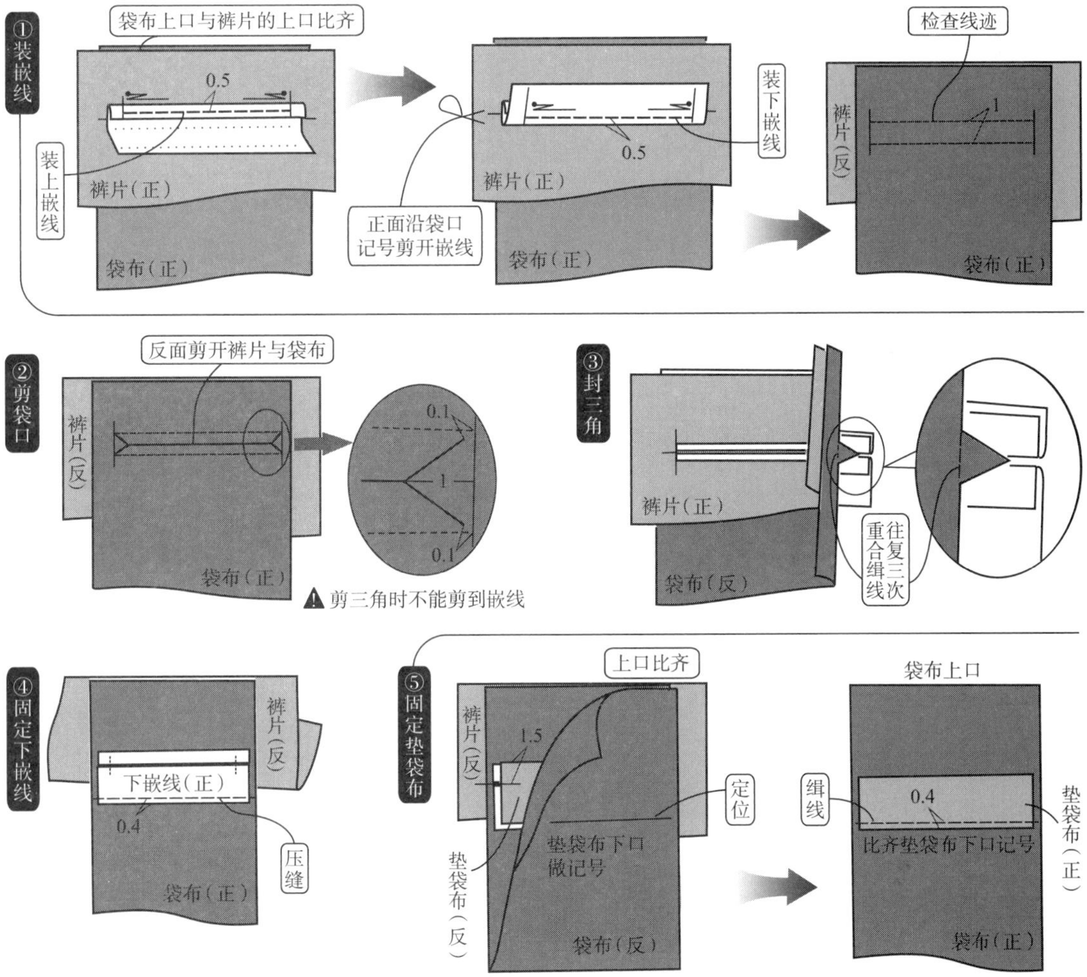

图2-27

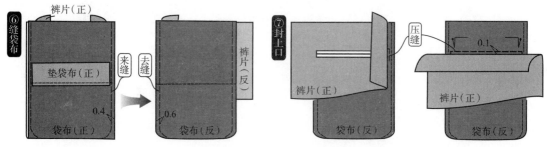

图2-27 倒缝式双嵌线挖袋工艺

①装嵌线：将袋布垫在裤片下面，与裤片上口比齐，左右参照袋口记号居中；再将嵌线与裤片正面相对，比齐袋口记号；掀开嵌线下口，沿嵌线的上方折边（窄折边）在袋口两端记号之间缉线，两端一定重合回针；再沿嵌线的下方折边（宽折边）在袋口两端记号之间缉线，两端一定重合回针；在裤片反面检查装嵌线的两条线迹，要求平行且间距为1cm，两端分别与袋口记号平齐，如果有问题及时修正。

②剪袋口：在裤片正面将嵌线沿袋口记号剪开成上下两部分；从裤片反面在缉线中间处剪开，袋口两端剪三角状，剪至距离最后一个针眼一根布丝（0.1cm），注意一定不能剪到嵌线。

③封三角：从剪开的袋口处将嵌线翻至裤片的反面，压实烫平；从正面掀开袋口两端的裤片及袋布，将两端的三角拉出、理顺并沿其底边往复3次重合缉线。注意封三角位置如果未到三角底边，正面袋角会有毛露；如果超过三角底边，正面袋角会出现裥，都是不符合工艺要求的常见问题。

④固定下嵌线：由正面掀开袋口以下的裤片，压缝固定下嵌线下口和袋布，特别提醒这条线容易被漏缝。

⑤固定垫袋布：将垫袋布置于反面的袋口处，其上口超出袋口1~1.5cm；袋布下端向上拉至与腰口平齐，确定垫袋布在袋布上的位置，并在袋布上沿着垫袋布下口做记号；然后沿垫袋布下口压缝，将垫袋布固定在袋布上。

⑥缝袋布：掀开裤片，用来去缝缉袋布，注意缝口处不能有坐势。

⑦封上口：正面整理好袋口，从腰口处掀开裤片，沿袋口上方缉线，顺势缉袋口两端。

完成的挖袋要求袋口平整、嵌线宽窄一致，袋角平整、牢固、无毛露，袋布顺直、平服。

2.倒缝式单嵌线挖袋

倒缝式单嵌线挖袋的袋口处只有一条嵌线，其缝份分别倒向袋口四周，采用开袋机做挖袋的工艺，多用于男式休闲裤，其款式如图2-28所示。制作这种挖袋所需的裁片如图2-29所示，其工艺流程如图2-30所示。

缝制前需要进行粘衬、熨烫和画线的准备工作，如图2-31所示。在裤片开袋位置的反面粘衬，嵌线反面粘衬；裤片正面画袋口记号，嵌线正面画袋口记号，要求画线清晰准确且在制作完成后能够完全消除；沿扣烫线扣烫嵌线。

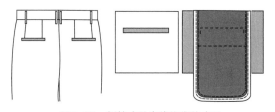

图2-28　倒缝式单嵌线挖袋款式图

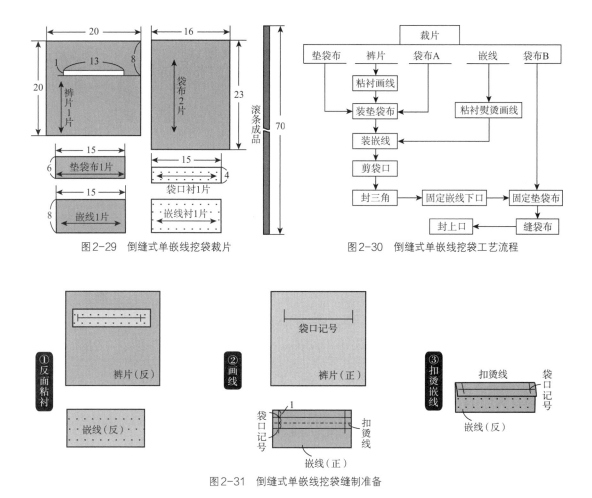

图2-29　倒缝式单嵌线挖袋裁片

图2-30　倒缝式单嵌线挖袋工艺流程

图2-31　倒缝式单嵌线挖袋缝制准备

倒缝式单嵌线挖袋的具体工艺步骤如图2-32所示。

①装垫袋布：将袋布A垫在裤片下面，上口与裤片的上口比齐，左右位置参照袋口记号居中；再将垫袋布与裤片正面相对，下口距离袋口记号0.1cm，左右位置参照袋口记号居中；距离垫袋布下口0.9cm在袋口两端记号之间缉线，注意两端重合回针。

②装嵌线：将嵌线的双折边作为下口，扣烫的折边（窄边）与裤片正面相对，比齐

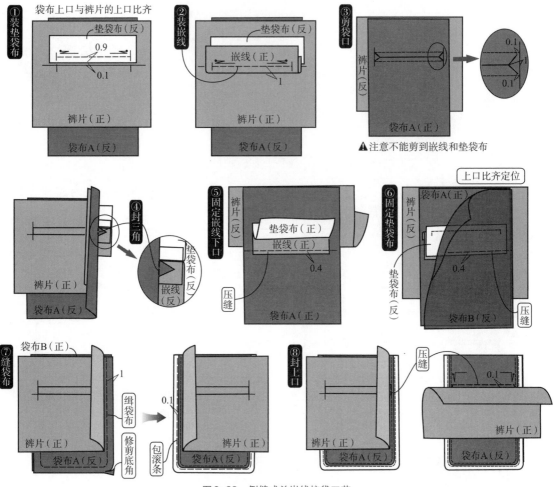

图2-32　倒缝式单嵌线挖袋工艺

袋口记号；在袋口两端记号之间沿袋口缉线，两端重合回针；由裤片反面检查两条线迹，要求平行且间距为1cm，两端分别与袋口记号平齐，如果有问题及时修正。

③剪袋口：从裤片反面沿两条缝线的中间处剪开口，袋口两端剪三角状，三角剪至距离最后一个针眼一根布丝（0.1cm）。注意不能剪到嵌线和垫袋布。

④封三角：从剪开的袋口处将垫袋布、嵌线翻至裤片反面，压烫平实；从裤片正面掀开袋口两端的裤片及袋布，将两端的三角拉紧、理顺并沿其底边封牢。注意封三角位置如果未到三角底边，正面袋角会有毛露；如果超过三角底边，正面袋角会出现裥，都是不符合工艺要求的常见问题。

⑤固定嵌线下口：由裤片反面将袋口以下的裤片折转，将嵌线下口压缝固定在袋布A上，特别提醒这条线容易被漏缝。

⑥固定垫袋布：取袋布B，上口和裤片腰口比齐，确定垫袋布在袋布上的位置；然

后沿垫袋布下口压缝，将其与袋布B固定。

　　⑦缝袋布：将两层袋布正面相对缝合两侧及下口，然后将袋布底角修剪为小圆角，再包滚条处理袋布毛边。

　　⑧封上口：反面理顺袋布，正面整理好袋口，从腰口处掀开裤片，沿袋布折边缉线，顺势缉袋口两端。

　　完成的挖袋要求袋口平整、嵌线宽窄一致，袋角平整、牢固、无毛露，袋布顺直、平服。

二、门襟工艺

　　门襟是裤装为了穿脱方便在腰部设置的开口，以功能性为主，有些也具有装饰性。门襟开闭功能的实现可以通过拉链、纽扣、绳带、尼龙搭扣等方式，相关设计见表2-2。

表2-2　裤装门襟的设计

类别	设计说明	设计实例	工艺分析
普通拉链式	该门襟可用于各类裤装，开在裤前中，大多为左门襟，少数女裤做右门襟。正装裤的前中止口处没有明线，休闲裤的前中止口处有明线		正装裤的门襟采用暗缝工艺，需要先缝合小裆弯再装拉链；休闲裤的门襟采用明缝工艺，可以先缉拉链再缝合小裆弯　拉链左侧固定在门襟片上，右侧夹在里襟片与裤片的缝口中
隐形拉链式	该门襟用于女裤，可以根据款式和穿着的需求开在前中、侧缝、后中等位置，开口处可以没有重叠部分		该门襟可以采用单做式（参考裙装门襟工艺部分），将拉链两侧分别缝在两裤片的开口区域；也可以采用夹做式，将拉链两侧分别夹在门襟片与裤片、里襟片与裤片的缝口中
扣式	该门襟的装饰性较强，主要用于设计款裤装。门襟止口可以设计为曲线、折线等，门襟处的重叠区域也比较大		该门襟的开口处，两侧裤片分别由门襟片、里襟片做净，形成重叠，门襟一侧锁眼、里襟一侧钉扣
其他	绳带式门襟开闭时比较费时，有时会作为装饰性设计，真正的开口可在侧缝或后中，采用隐形拉链式门襟。搭扣式门襟多为另加的明门襟，重叠量可调节，开合方便，黏合牢固，多用于童装、老年装、工装等		将裤子的开口区两侧分别做净，再加相应的固定件

裤装中最常用的是普通拉链式门襟，裤装简做时普通拉链门襟采用单做工艺，男裤精做时采用夹做工艺。裆缝不缉明线的普通拉链式门襟采用暗缝工艺，裆缝缉明线的采用明缝工艺。下面详细说明普通拉链式门襟工艺。

（一）单做式门襟工艺

1.单做明缝式门襟

单做明缝式门襟在左裤片，门襟、止口、裆弯处缉明线，反面可见用面料做的双层连裁里襟，多用于牛仔裤、休闲裤，其款式如图2-33所示。制作这种门襟所需的裁片如图2-34所示，其工艺流程如图2-35所示。

缝制前部分裁片需要锁边，具体部位如图2-36所示，门襟制作工艺步骤如图2-37所示。

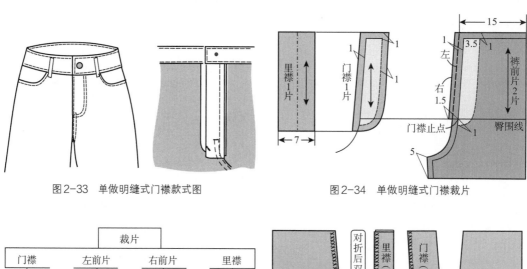

图2-33　单做明缝式门襟款式图　　　　　图2-34　单做明缝式门襟裁片

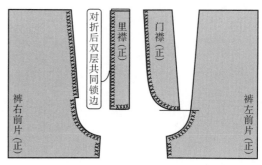

图2-35　单做明缝式门襟工艺流程　　　　图2-36　单做明缝式门襟裁片锁边

①缉拉链：拉链与门襟正面相对，下端齿扣与门襟止点平齐，右侧边缘距离门襟边缘0.5cm定位后，缉线固定左侧拉链。

②做门襟：门襟与左前裤片正面相对钩缝前中心线处，缝合时注意将拉链掀开以免被缝到；翻正门襟并压烫止口，顺势扣烫门襟止点以下的裆弯缝份，然后压缝门襟止口；

在左前裤片缉双明线固定门襟，特别提醒缉到下端圆弧区时注意避免缉到拉链的齿扣。

③缉里襟：扣烫右裤片前中心开口区域的缝份；搭合左、右裤片使前中心线及门襟止点重合，并在门襟止点处临时绷缝固定以免错位；压缝固定右裤片、拉链右侧及里襟包缝过的侧边，起止处重合回针。

④合前裆缝：坐缉缝前裆弯区域，缝份倒向左裤片。因门襟区域已经固定，平缝裆弯时受限，缝到门襟止点以下约2cm处即可，正面压缝时必须缉到门襟止点处。

⑤封下口：缉裆缝明线时在门襟止点处横向固定，从正面封牢下口；掀开左前裤片，在门襟圆头区域重合缉缝三次将门襟与里襟固定，从反面封牢下口。

门襟完成后要求门里襟等长，前小裆摆平，封口处不起吊。

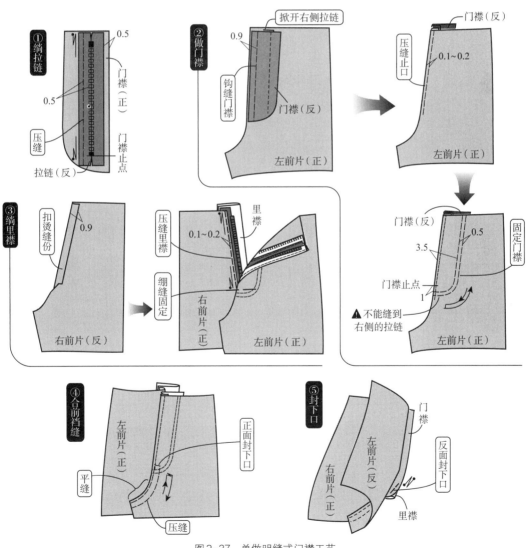

图2-37　单做明缝式门襟工艺

2.单做暗缝式门襟

单做暗缝式门襟，前中开口，左裤片缉明线，反面可见用面料做的双层连裁里襟，广泛用于正装类裤装，其款式如图2-38所示。制作这种门襟所需的裁片如图2-39所示，其工艺流程如图2-40所示。

缝制前部分裁片需要锁边，具体部位如图2-41所示，门襟制作工艺步骤如图2-42所示。

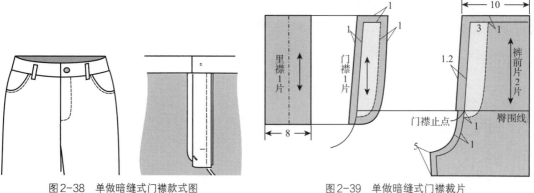

图2-38　单做暗缝式门襟款式图　　　　图2-39　单做暗缝式门襟裁片

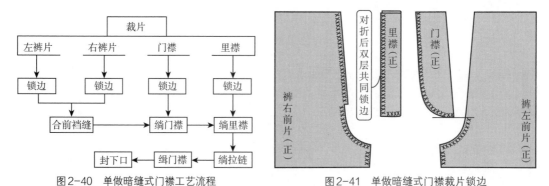

图2-40　单做暗缝式门襟工艺流程　　　　图2-41　单做暗缝式门襟裁片锁边

①合前裆缝：平缝前裆弯区域并分烫缝份，注意门襟止点处重合回针。

②缉门襟：门襟与左裤片正面相对钩缝前中心处，翻正门襟片，沿止口压缝固定两层缝份。

③缉里襟：拉链正面朝上置于里襟的正面，下端与里襟平齐，将拉链右侧与里襟绷缝固定；扣压缝固定右裤片、拉链右侧及里襟，起止处重合回针。

④缉拉链：搭合左、右裤片使前中心线及门襟止点重合，并在门襟开口区域临时绷缝固定以免错位；由裤片的反面掀开里襟，缉双线将拉链左侧固定在门襟上，注意只缝拉链与门襟。

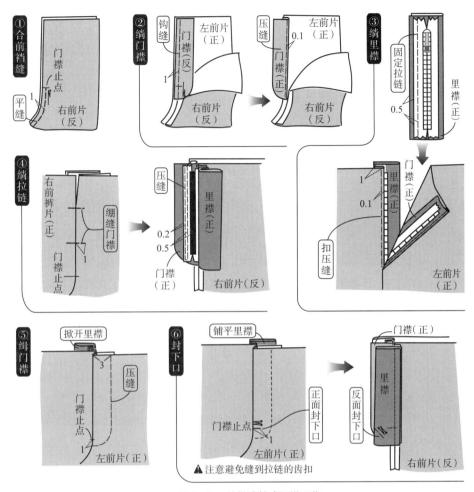

图 2-42　单做暗缝式门襟工艺

⑤缉门襟：左裤片正面从腰口开始缉门襟明线，注意整条线都不能缝到里襟。

⑥封下口：左裤片门襟止点处横向重合缉线三次或打套结，从正面封牢下口；掀开左前裤片，在门襟圆头区域重合缉线三次将门襟与里襟固定，从反面封牢下口。

门襟完成后要求门里襟等长，前小裆摆平，封口处不起吊。

（二）夹做式门襟工艺

1.夹做方角里襟式门襟

夹做方角里襟式门襟用于男裤，门、里襟形状相同，反面可见用里料做的里襟，下端延伸覆盖前裆弯缝份，其款式如图 2-43 所示。制作这种门襟所需的裁片如图 2-44 所示，其工艺流程如图 2-45 所示。

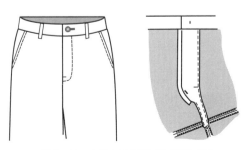

图 2-43　夹做方角里襟式门襟款式图

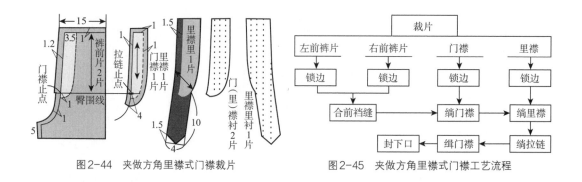

图2-44 夹做方角里襟式门襟裁片　　　　图2-45 夹做方角里襟式门襟工艺流程

缝制前部分裁片需要粘衬、锁边，具体部位如图2-46所示，门襟制作工艺步骤如图2-47所示。

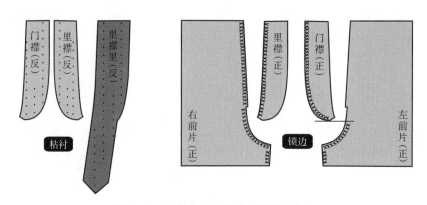

图2-46 夹做方角里襟式门襟缝制准备

①合前裆缝：平缝前裆弯区域并分烫缝份，注意门襟止点处重合回针。

②做里襟：里襟面与里襟里正面相对，钩缝外口；翻至正面，压烫平实，压缝止口；扣烫里襟里的前中线区域，使里襟里宽出里襟面0.1cm；扣烫里襟里的下端，烫出宝剑头，小裆弯处稍稍拔开（烫成近似直线）。

③绱门襟：门襟与左前裤片正面相对，钩缝前中线处；门襟翻正，两层缝份都倒向门襟，缉缝止口；将门襟沿前中线向裤片反面折转，压烫止口，要求门襟不反吐，不反翘。

④绱拉链：先绱里襟一侧，将右前裤片前中线缝份扣烫0.8cm，与里襟面（掀开里襟里）扣压缝连接，注意要将拉链右侧夹缝在两层之间，建议提前将拉链与里襟面绷缝固定；正面铺平前裤片，搭合左、右裤片使前中心线及门襟止点重合，在门襟开口区域临时绷缝固定以免错位；由裤片的反面掀开里襟，缉双线将拉链左侧固定在门襟上，注意只缝拉链与门襟。拆除绷缝线迹，将里襟折向右前裤片反面，从左裤片腰口开始缉门襟明线，注意整条线不能缝到里襟。

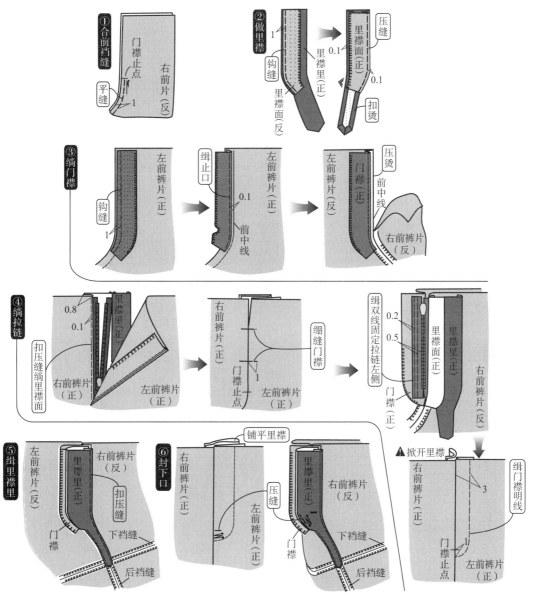

图2-47 夹做方角里襟式门襟工艺

⑤缉里襟里：将扣烫好的里襟里与右裤片的前中缝份缉线固定，顺缉至宝剑头处（也可用手针缭缝）。

⑥封下口：左裤片门襟止点处横向重合缉线三次或打套结，从正面封牢下口；掀开左前裤片，在门襟圆头区域重合缉线三次将门襟与里襟固定，从反面封牢下口。

门襟完成后要求门里襟等长，前小裆摆平，封口处不起吊。

2.夹做切角里襟式门襟

夹做切角里襟式门襟用于男西裤，里襟为较宽的切角形状（俗称鸭嘴襟），反面可见用里料做的里襟里，搭配专用腰里，其款式如图2-48所示。制作这种门襟所需的裁片如图2-49所示，其工艺流程如图2-50所示。

缝制前部分裁片需要粘衬、锁边，具体部位如图2-51所示，门襟制作工艺步骤如图2-52所示。

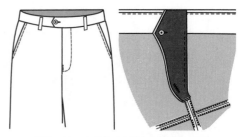

图2-48 夹做切角里襟式门襟款式图

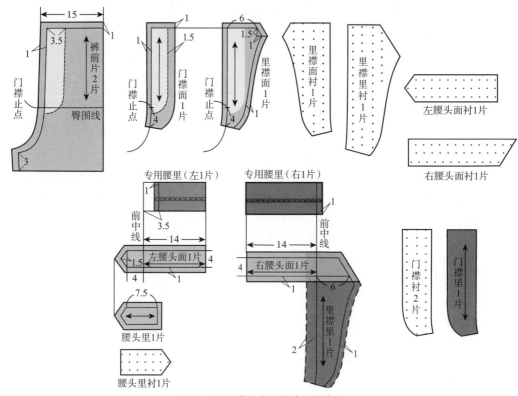

图2-49 夹做切角里襟式门襟裁片

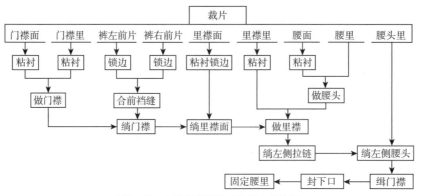

图2-50 夹做切角里襟式门襟工艺流程

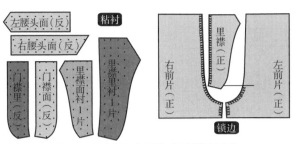

图2-51　夹做切角里襟式门襟缝制准备

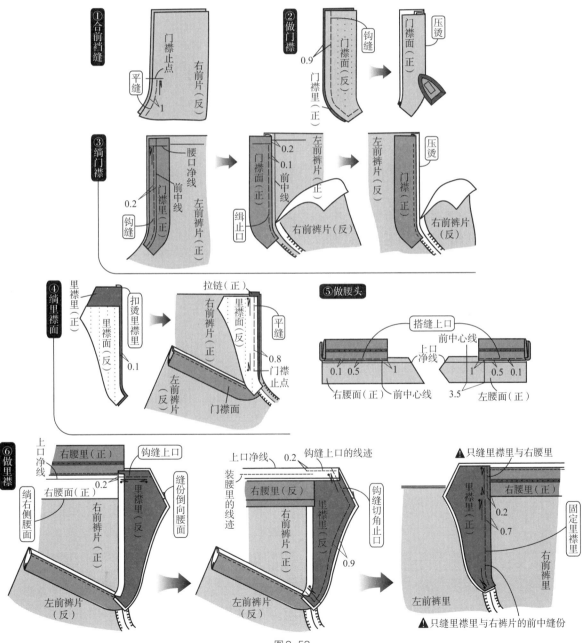

图2-52

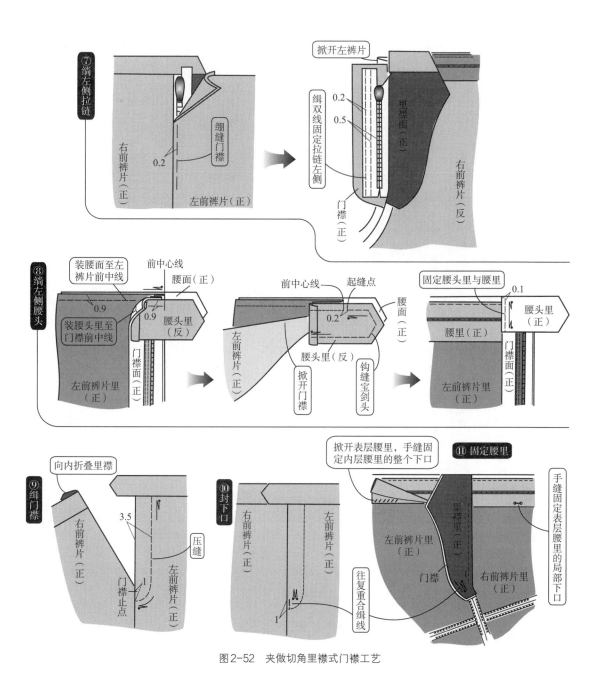

图2-52　夹做切角里襟式门襟工艺

①合前裆缝：平缝前裆弯区域并分烫缝份，注意门襟止点处重合回针。

②做门襟：门襟面与门襟里正面相对，钩缝圆头一侧及下口；翻至正面，压烫止口。

③绱门襟：门襟与左前裤片正面相对，钩缝前中线处；门襟翻正，两层缝份都倒向门襟，缉缝止口；将门襟沿前中线向裤片反面折转，压烫止口，要求门襟不反吐、不反翘。

④绱里襟面：扣烫里襟里的前中线，使里襟里比里襟面宽出0.1cm；将里襟面和右前裤片正面相对叠合，中间夹住拉链右侧（可以提前将拉链与里襟面绷缝固定），沿前中

线钩缝至门襟止点，注意起止针重合回针。

⑤做腰头：搭缝腰里与腰面，右侧腰里从超出腰面前中线1cm缝起，左侧腰里从距离前中心线2.5cm处缝起，缝至后中。

⑥做里襟：先绱右侧腰面，腰面与右裤片腰口正面相对平缝，缝份1cm，注意里襟切角处平齐；然后将腰面与里襟里正面相对钩缝上口，理顺腰面与里襟里（注意留出腰面上口的倒吐量），沿腰面上口净线折转腰头缝份，钩缝切角区域及下口；翻正里襟里，压烫止口，要求止口圆顺，平薄、无坐势；将扣烫好的里襟里的上段与右侧腰里缉线固定，下段与右裤片的前中缝份缉线固定。

⑦绱左侧拉链：正面铺平前裤片，搭合左、右片使前中线重合并绷缝固定；翻至反面，掀开里襟，将拉链左侧与门襟缉双线固定，拆除绷缝线迹。

⑧绱左侧腰头：先将左侧腰面与左裤片腰口正面相对平缝，缝至裤片前中线；然后扣净腰头里平口端的缝份，并与门襟里的腰口处正面相对平缝至门襟前中线；掀开门襟，钩缝腰头的宝剑头区域，注意两端倒回针；翻正宝剑头，压烫止口，缉明线固定腰头里与腰里。

⑨缉门襟：裤片翻至正面，将里襟折向右裤片，缉缝门襟明线，要求线迹整齐、美观，裤片平服。

⑩封下口：理顺门襟、里襟，在门襟止点纵向打套结或用平缝机重合缉缝3~4次，正面封牢下口；掀开左前裤片，在门襟圆头区域重合缉线三次将门襟与里襟固定，从反面封牢下口。

⑪固定腰里：掀开表层腰里的下口，将内层腰里的下口与裤片腰口缝份手缝或者用撬边机缝合一周固定，也可以从裤片正面腰口处灌缝固定；铺平表层腰里，将其下口与裤片的省缝或者缝份处局部手缝固定。

门襟完成后要求门里襟等长，前小裆摆平，封口处不起吊。

三、串带工艺

串带是裤装上为固定腰带而设置的部件，相对均匀地分布在腰口处，平贴在腰头表面，以功能性为主，有些也具有装饰性。根据工艺特征，串带可分为整片式和两片式，其相关设计见表2-3。

（一）整片式串带

整片式串带是由整片布料折叠并缉线固定成型的，根据外观及工艺要求决定折叠层数和固定方式。串带成品的宽度通常为1cm，长度8~10cm，具体工艺如图2-53所示。

表2-3　串带的设计

类别	设计说明	设计实例	工艺分析
整片式	串带外观为长条形，表面无线迹的用于正装类裤装，表面有线迹的主要用于休闲类裤装，也可用于正装类裤装		明缝式串带根据款式和工艺要求的不同，可采用双层绷缝工艺、三层扣压缝工艺、四层扣压缝工艺
两片式	串带可以设计为方角、圆角、尖角、切角等规则形状，也可以是其他不规则形状，串带边缘还可以加入绣、镶、嵌、绲、宕等装饰工艺，表面多有线迹，主要用于休闲类裤装、时装裤等		两片式串带采用钩缝工艺，如果串带表面有绣、镶、宕等装饰工艺，先在表层上完成装饰后再进行两片的钩缝 如果串带边缘有嵌条装饰，在钩缝时夹入嵌条即可 如果串带边缘有绲条装饰，先将两层串带边缘绷缝固定，然后用绲条包覆

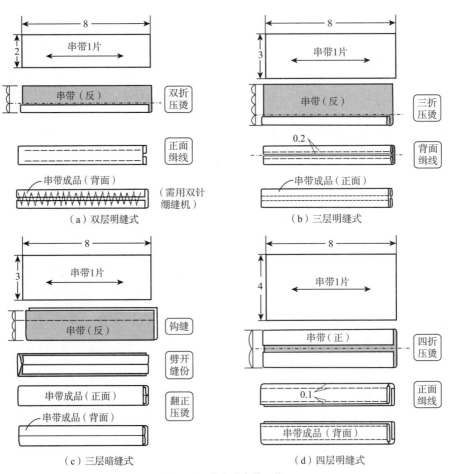

图2-53　整片式串带工艺

1.双层明缝式

双层明缝式是将串带裁片的两侧分别向中心线折叠，由专用双针绷缝机绲线固定，完成后表面两条平行线迹，背面的链式线迹将裁片的毛边覆盖，如图2-53（a）所示。主要用于批量生产的裤装，尤其是面料比较厚的裤装。

2.三层明缝式

三层明缝式是将串带裁片的两侧分别向中心线三层折叠，由平缝机绲线分别固定中心处的折边，完成后表面和背面均有两条平行线迹，如图2-53（b）所示。主要用于单件制作的普通厚度面料的裤装。

3.三层暗缝式

三层暗缝式是将串带裁片的两侧正面相对钩缝之后翻正，将缝口置于背面居中劈缝压烫成型，完成后表面与背面均无线迹，如图2-53（c）所示。主要用于款式要求表面无线迹的裤装。

4.四层明缝式

四层明缝式是将串带裁片的两侧分别向中心线对折后再次对折（四层厚度），由平缝机绲线分别固定开口一侧的折边，为了外观对称通常在另一侧也绲线固定，完成后表面和背面均有两条平行线迹，如图2-53（d）所示。主要用于单件制作的较薄面料的裤装。

（二）两片式串带

两片式串带需要两片相同的裁片，为了硬挺表面一层可以粘衬，两片钩压缝成型，表面绲线的位置由外观要求决定，具体工艺如图2-54所示。翻正时注意将缝口完全打开，避免周边出现坐势。

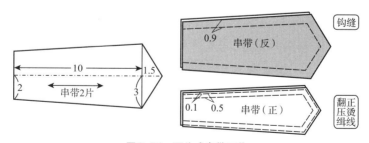

图2-54 两片式串带工艺

四、腰头工艺

腰头是位于裤装上口的部件，为双层部位，配合门襟设置开口，以功能性为主，有些也具有装饰性。从外观及功能的角度可分为合体式腰头和松紧式腰头，相关设计见表2-4。

表2-4　裤装腰头的设计

类别		设计说明	设计实例	工艺分析
合体式腰头	方形腰头	正常腰位的合体式腰头基本为长方形，门襟一端腰头也可设计为其他形状。这类腰头可以双层连裁，工艺简便，多用于女裤；也可以两层都用面料分别单裁，广泛用于各类裤装；还可以内层采用专用腰里，主要用于男西裤		腰头需要硬挺，通常腰里、腰面都要求粘衬 　双层腰头与裤片骑缝连接，表面一般不缉明线
	弧形腰头	低腰位的合体式腰头为弧形，可宽可窄，还可以四周不均匀、不对称 　这类腰头只能两层分别单裁，广泛用于牛仔裤、休闲裤、时装裤等		腰里、腰面都要求粘衬，需要先将双层腰头上口及两端钩缝，然后骑缝绱腰头，表面一般缉明线
松紧式腰头		松紧式腰头为正常腰位的方形腰头，双层连裁。全松紧式腰头多用于运动裤、后区松紧腰头多用于女裤		装松紧带区域的腰里、腰面都不粘衬，需要先将松紧带与双层腰头固定，然后骑缝绱腰头。全松紧腰头也可以将双层腰头与裤片腰口共同包缝进行连接

　　腰头工艺包括缝制准备、做腰头和绱腰头三部分，其中绱腰头是双层腰头与单层腰口的连接，采用骑缝针法，是腰头工艺中的重点也是难点。

（一）双层连裁式合体腰头

　　双层连裁式合体腰头为一整片，根据外观要求，绱腰头可以选用一趟式骑缝、里—面（先绱里后绱面）式骑缝、面—里（先绱面后绱里）式骑缝。

1. 里—面式骑缝法

　　采用里—面式骑缝法绱的腰头主要用于简做的裤装，腰头面的下口缉明线，腰里下口的缝份折进腰头内，下口处有线迹，款式如图2-55所示。制作腰头所需裁片如图2-56所示，缝制工艺步骤如图2-57所示。

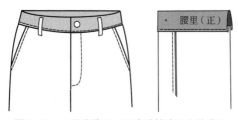

图2-55　双层连裁里—面式骑缝法腰头款式图

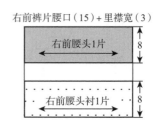

图2-56　双层连裁里—面式骑缝法腰头裁片图

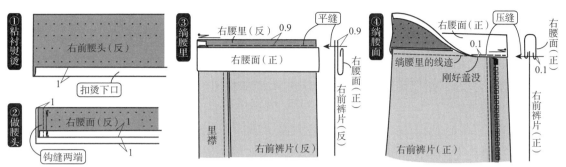

图2-57　双层连裁里—面式骑缝法腰头工艺

①粘衬熨烫：缝制腰头前需要先在反面粘衬，然后正面朝外沿长度方向对折烫，再向反面扣烫腰面的下口缝份。

②做腰头：腰头正面相对分别钩缝两端，翻至正面压烫止口。

③绱腰里：将腰里正面和裤片腰口的反面相对叠合，沿下口净线平缝，注意起止针重合回针。

④绱腰面：翻起腰头，将腰口缝份置于腰里、腰面之间，腰面止口刚好盖没绱腰里的线迹；沿腰面下口压缝固定，特别提醒此时缉线的部位共有五层，缝合时容易出现上下层错位，一定注意要带紧下层、送上层，以免腰头出现涟形。

腰头完成后要求宽度均匀、表里平整、缉线顺直。

2.面—里式骑缝法

采用面—里式骑缝法绱的腰头主要用于简做的裤装，腰面的下口处可见线迹，腰里下口的缝份外露，可见缝合线迹和锁边线迹（或者滚条），款式如图2-58所示。制作该腰头所需裁片如图2-59所示，缝制工艺步骤如图2-60所示。

①粘衬锁边：缝制腰头前需要先在反面粘衬，然后正面朝外沿长度方向对折烫，再将腰里的下口锁边（或者包覆滚条）。

②做腰头：腰头正面相对分别钩缝两端，翻至正面压烫止口。

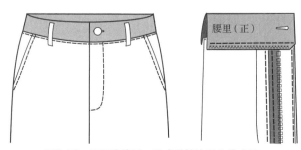

图2-58　双层连裁面—里式骑缝法腰头款式图

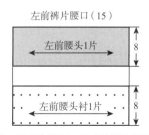

图2-59　双层连裁面—里式骑缝法腰头裁片图

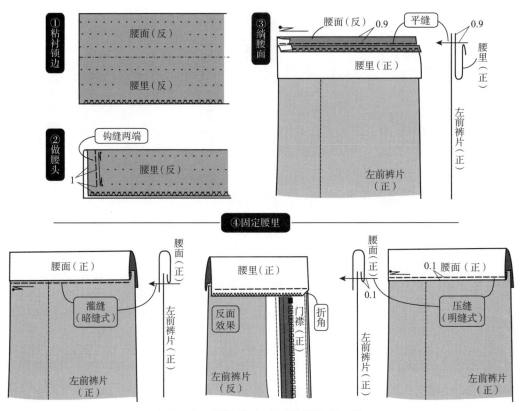

图2-60 双层连裁面—里式骑缝法腰头工艺

③绱腰面：将腰面和裤片的腰口正面相对叠合，沿下口净线平缝，注意起止针重合回针。

④固定腰里：翻起腰头，将腰口缝份置于腰里、腰面之间，沿腰面下口缉线固定腰里。表面无明线的在缝口处灌缝固定（暗缝式），表面有明线的沿腰面止口缉线固定（明缝式）。缝合时注意将腰里下口两端向内折角，以免影响正面效果；随时观察反面，不要漏缝腰里；带紧下层、送上层，以免腰头出现涟形。

腰头完成后要求宽度均匀、表里平整、缉线顺直。

（二）双层单裁式合体腰头

双层单裁式合体腰头分为腰里和腰面两片，绱腰头之前需要先接缝上口。根据外观要求，绱腰头可以选用暗缝式（面—里式骑缝）或者明缝式（一趟式骑缝）。

1.暗缝式

采用暗缝式的双层单裁腰头主要用于女式正装裤，腰面下口的缝口处可见线迹，腰里上口也可见线迹，腰里下口的缝份向内折叠、可见缝合线迹，款式如图2-61所示。制作该腰头所需裁片如图2-62所示，缝制工艺步骤如图2-63所示。

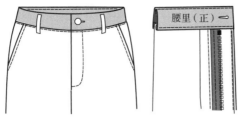

图2-61　双层单裁暗缝式腰头款式图

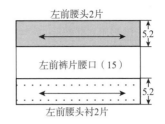

图2-62　双层单裁暗缝式腰头裁片图

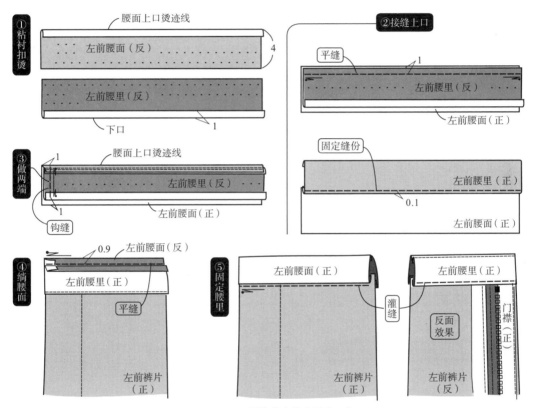

图2-63　双层单裁暗缝式腰头工艺

①粘衬扣烫：缝制前，腰里、腰面需要先在反面粘衬，然后分别扣烫腰面上口和腰里下口的缝份。

②接缝上口：先将腰里与腰面正面相对，然后平缝上口，翻正腰里，沿其上口缉线固定两层缝份。

③做两端：将腰里与腰面沿腰面上口净线正面相对叠合，分别钩缝两端至腰面的下口净线，翻至正面压烫止口。

④绱腰面：将腰面和裤片的腰口正面相对叠合，沿腰面下口的净线平缝，注意起止针重合回针。

⑤固定腰里：翻起腰头，将腰口缝份置于腰里、腰面之间，在腰面下口缝口处灌缝固定腰里。缝合过程中，时刻注意观察反面，不可漏缝腰里；带紧下层、送上层，以免腰头出现涟形。

腰头完成后，要求宽度均匀、表里平整、缉线顺直。

2.明缝式

采用明缝式的双层单裁腰头主要用于休闲类裤装，腰面与腰里的四周均可见线迹，腰里下口的缝份向内折叠，款式如图2-64所示。制作该腰头所需裁片如图2-65所示，缝制工艺步骤如图2-66所示。

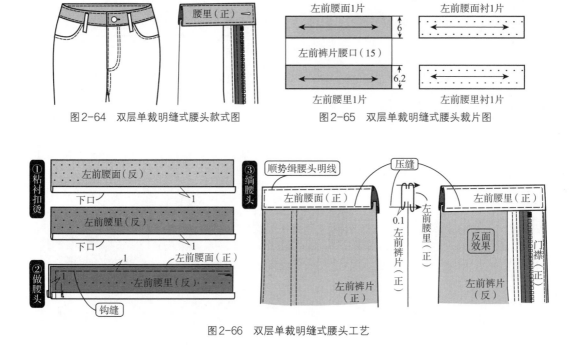

图2-64　双层单裁明缝式腰头款式图　　　图2-65　双层单裁明缝式腰头裁片图

图2-66　双层单裁明缝式腰头工艺

①粘衬扣烫：缝制腰里、腰面前需要先在反面粘衬，然后分别扣烫腰面和腰里下口的缝份。

②做腰头：腰里与腰面正面相对叠合，钩缝前端及上口，将腰头翻至正面，压烫四周止口。

③缉腰头：将裤片腰口缝份插入两层腰头之间，从正面缉线。缉线位置共有五层，需要特别注意带紧下层、推送上层，保持接缝处不变形，防止上下层错位，也不能漏缉下层。腰头缉好之后顺缉其他三边的止口。

腰头完成后，要求宽度均匀、表里平整、缉线顺直。

（三）松紧式腰头

1.全松紧式腰头

校服裤装、成人运动裤、居家裤等。另装双层腰头，内穿松紧带，腰面可见固定松紧带线迹，款式如图2-67所示。制作该腰头所需裁片如图2-68所示，缝制工艺步骤如图2-69所示。

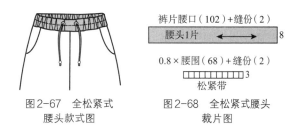

图2-67 全松紧式
腰头款式图

图2-68 全松紧式腰头
裁片图

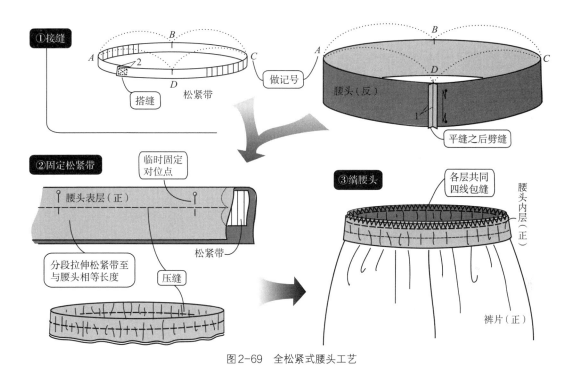

图2-69 全松紧式腰头工艺

①接缝：松紧带两端搭缝连接固定，腰头两端平缝连接后劈开缝份；分别在腰头、松紧带长度四等分的位置做标记。

②固定松紧带：腰头正面朝外对折熨烫，将松紧带夹入两层腰头之间并顶足上口，分别对齐腰头与松紧带的各等分点标记，用大头针临时固定；逐段拉开松紧带缉缝，将其均匀固定在腰头内。

③绱腰头：做好的腰头与裤片腰口正面相对套合，一周四等分对位并临时固定，腰口处各层缝份共同用四线包缝机包缝一圈。

腰头完成后，要求松紧均匀、伸缩顺畅、缉线顺直。

2. 半松紧式腰头

半松紧式腰头可调节腰围，主要用于女式裤装。另装双层腰头，后腰内穿松紧带，款式如图2-70所示。制作该腰头所需裁片如图2-71所示，缝制工艺步骤如图2-72所示。

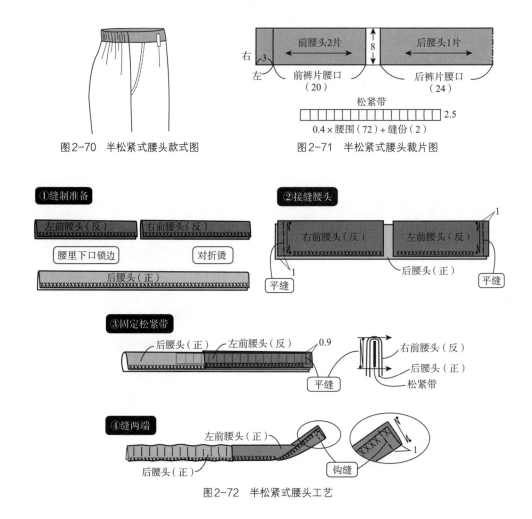

图2-70 半松紧式腰头款式图   图2-71 半松紧式腰头裁片图

图2-72 半松紧式腰头工艺

①缝制准备：缝制前先将腰里的下口锁边，然后正面朝外沿长度方向对折熨烫。

②接缝腰头：前腰头与后腰头侧缝处正面相对缝合，注意两端重合回针。

③固定松紧带：后腰头沿烫印对折，将松紧带夹入后腰头两层之间并顶足上口，分别在左右两侧接缝腰头的缝份上绱线，固定松紧带两端，注意只在松紧带宽度内绱线，不能缝到绱腰头的缝份。

④缝两端：腰头前端正面相对分别钩缝两端，翻至正面压烫止口。

⑤绱腰头：参照面—里式骑缝法绱腰头。

腰头完成后，要求宽度均匀，前腰表里平整、绱线顺直，后腰松紧均匀、伸缩顺畅。

五、思考与实训

（一）常规部件工艺练习

1.练习常见插袋、挖袋缝制工艺。

2.练习常见明缝式、暗缝式门襟装拉链工艺。

3.练习明缝式、暗缝式腰头工艺。

（二）拓展设计与训练

总结插袋、挖袋、门襟及腰头的工艺设计方案，根据各零部件设计要素，对各零部件进行创新设计，并缝制完成。

第二节 牛仔裤缝制工艺

课前准备

一、材料准备

（一）面料

1.面料选择：牛仔裤的面料可以选择牛仔布、斜纹布等有一定厚度的面料，颜色深浅均可。

2.面料用量：幅宽144cm，用量为裤长+10cm，约为105cm。幅宽不同时，可根据实际情况加减面料用量。

（二）其他辅料

1.扣子：前门襟处大铜扣一副，贴袋袋口处共4个小铆钉扣。

2.拉链：需要约20cm长的铜拉链一条，要求与面料顺色。

3.非织造衬：幅宽90cm，用量约为30cm。

4.缝线：准备与面料颜色及材质相符的牛仔线。

5.袋布：顺色涤棉布，长宽为40cm×35cm。

6.打板纸：整开绘图纸2张。

二、工具准备

备齐制图常用工具与制作常用工具。

三、知识准备

复习女休闲裤装样板制图的相关知识，复习本章第一节中的"横插袋"工艺、"单做明缝式门襟"工艺、"双层单裁明缝式腰头"工艺。

一、款式特征概述

牛仔裤是休闲裤类的代表品种，被称为"百搭服装之首"。近年来，牛仔裤变得越来越多元化、时尚化和休闲化，裤型也从最早的直筒发展为修身、小脚、哈伦、喇叭等不同种类。

本款牛仔裤的特征为：低腰直筒，另装弧形腰头，前中门襟绱拉链，前侧月亮袋，后片腰部育克，左右各一尖角贴袋，如图2-73所示。

图2-73　牛仔裤款式图

二、结构制图

（一）牛仔裤制图规格（表2-5）

表2-5　牛仔裤规格尺寸　　　　　　　　　　　　　　　　单位：cm

号型	腰围（W）	臀围（H）	裤长（L）	直裆（CD）	裤口宽（SB）
160/68A	68+4	92+4	96	22	20

（二）牛仔裤结构制图

牛仔裤裤片结构如图2-74所示，牛仔裤零部件样板如图2-75所示。

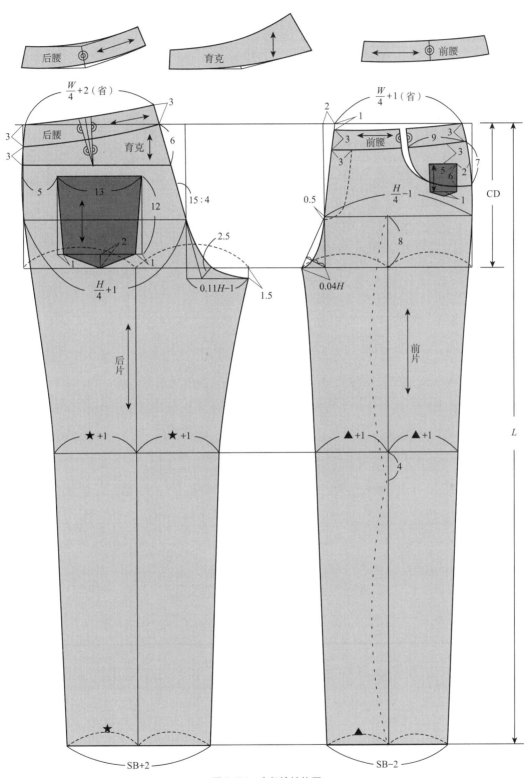

图2-74　牛仔裤结构图

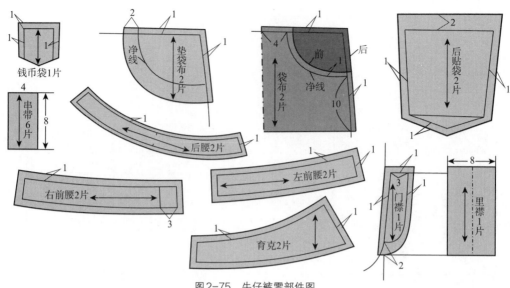

图2-75　牛仔裤零部件图

三、放缝与排料

确认净样无误后加放缝份与贴边得到毛样板,用于排料。排料时,要求样板齐全,数量准确,严格按照纱向要求进行排放,尽可能提高材料的利用率。牛仔裤的全套样板明细见表2-6。面料放缝与排料如图2-76所示,图中未特别标明的部位放缝量均为1cm。

表2-6　牛仔裤样板明细

项目	序号	名称	裁片数	标记内容
面料样板（C）	1	前裤片	2	纱向、袋位、臀围线、门襟止点、膝围线、烫迹线、裤口净线
	2	后裤片	2	纱向、袋位、臀围线、膝围线、烫迹线、裤口净线
	3	后育克	2	纱向
	4	后腰	2	纱向、后中线
	5	左前腰	2	纱向、前中线
	6	右前腰	2	纱向、前中线
	7	门襟	1	纱向、开口止点
	8	里襟	1	纱向、开口止点
	9	垫袋布	2	纱向
	10	钱币袋	1	纱向
	11	后贴袋	2	纱向
	12	串带	6	纱向
非织造黏合衬样板（F）	1	后腰	2	纱向
	2	左前腰	2	纱向
	3	右前腰	2	纱向
袋布样板（P）	1	侧插袋袋布	2	纱向

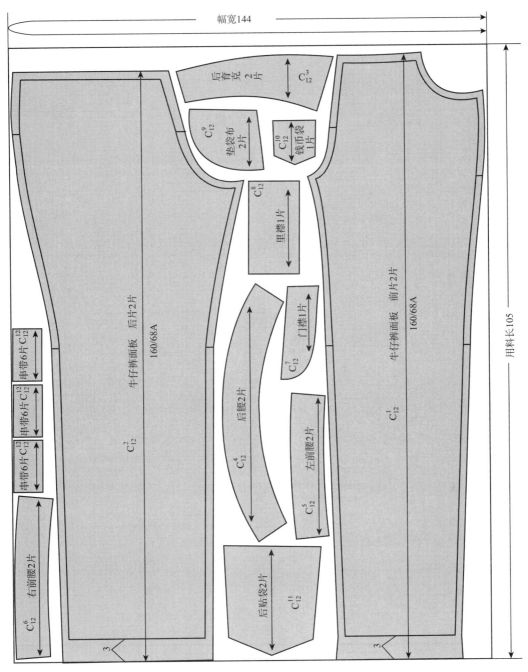

图2-76　牛仔裤放缝排料图

四、缝制工艺

（一）缝制工艺流程

牛仔裤缝制工艺流程如图2-77所示。

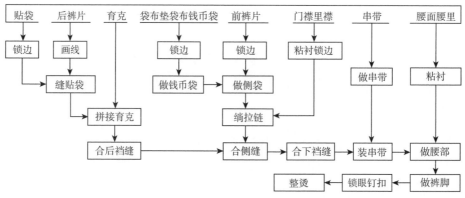

图2-77 牛仔裤缝制工艺流程

（二）缝制准备

1.检查裁片

（1）检查数量：对照排料图，清点裁片是否齐全。

（2）检查质量：认真检查每个裁片的用料方向、正反形状是否正确。

（3）核对裁片：复核定位、对位标记，检查对应部位是否符合要求。

2.做标记

在前后片的中裆线、脚口线上做剪口标记；在前后片的口袋位置上做标记。

3.粘衬锁边

腰头面与腰头里全粘非织造黏合衬，将门襟、里襟、垫袋布、贴袋、钱币袋、前裤片裆弯锁边。

（三）缝制说明

1.做后贴袋（图2-78）

（1）制作后贴袋：袋口贴边粘衬，包缝两侧及袋底；按照净样扣烫袋口贴边，先扣0.8cm，再扣1cm，然后将贴袋其余三边按净线扣烫；缉明线固定上口。

（2）固定后贴袋：按照标记位置将贴袋压缝固定在后裤片上，固定右侧贴袋时夹入标签。

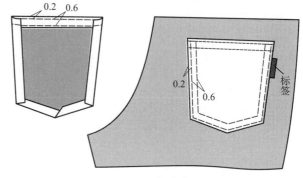

图2-78 做后贴袋

2.拼接后育克

反面接缝后育克与后片，缝份0.9cm；双层缝份共同锁边后倒向裤片烫平，然后在正面沿裤片缝口缉双明线，如图2-79所示。

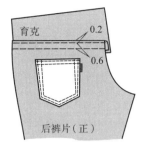
图2-79　拼接后育克

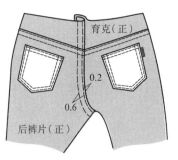
图2-80　合后裆缝

3.合后裆缝

左、右后裤片正面相对缝合后中，缝份0.9cm，双层缝份共同锁边后倒向左裤片并烫平，然后在正面沿左裤片缝口缉双明线，如图2-80所示。注意，后片的左、右育克要对齐。

4.做前袋

前袋的具体工艺及要求参见本章第一节中的"横插袋"制作工艺。

5.绱拉链

绱拉链的具体工艺及要求参见本章第一节中的"单做明缝式门襟"制作工艺。

6.做裤筒（图2-81）

（1）合侧缝：前、后裤片正面相对，沿净线缝合侧缝；双层缝份共同锁边后，倒向后裤片烫平；翻到正面，沿后裤片侧缝的缝口缉线固定缝份及袋布，缝至袋布下口处。

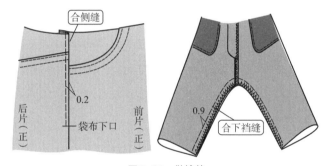
图2-81　做裤筒

（2）合下裆缝：前、后裤片正面相对，沿净线缝合内侧缝，裆底十字缝要对齐；双层缝份共同锁边，倒向后裤片进行熨烫。

7.装串带

（1）做串带：参见本章第一节中的"串带工艺"。

（2）装串带：串带的位置为左、右前片烫迹线处各一个，后中缝处并排两个，这两处的中间位左、右各一个。在装串带的位置做标记，根据标记摆正串带并临时绷缝在裤片的腰口处，绷缝缝份为0.8cm。

8.做腰部

裤腰的制作参见本章第一节中的"明缝式双层单裁腰头"工艺，其制作方法如图2-82所示。

（1）做腰头：在腰头面、腰头里的反面粘全衬后，将各部分分别拼接；分烫拼接缝

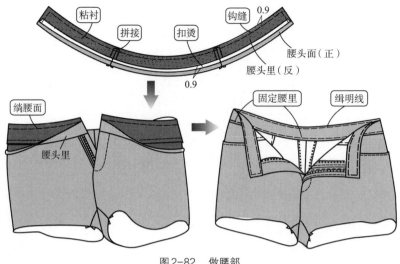

图2-82 做腰部

份，扣烫腰头里的下口缝份；腰头面与腰头里正面相对，钩缝腰头上口和两端；翻正腰头，熨烫平服。

（2）绱腰头：将腰头面与前裤片正面相对，从门（里）襟一侧起针，按净线缝合一周，注意起止针倒回针。将腰头向上翻起，熨烫平服，在腰头面下口缉明线固定腰头里，缉明线顺缉腰头前端与上口。熟练后也可以用一趟式骑缝法绱腰头。

（3）固定串带：参见本章第三节中女西裤固定串带的方法。

9. 缝裤口

将裤脚口先扣烫0.8cm毛边，再扣烫2cm贴边，然后在距离上口折边0.2cm处缉线固定贴边。要求缉线顺直，宽窄一致。

10. 锁眼钉扣

在门襟上锁圆头扣眼，里襟上钉一个铜扣；在钱币袋袋口两端及横插袋的下袋口处钉装饰小钉。

11. 整烫

（1）清除所有线头、污渍等，使裤子正反面干净整洁。

（2）反面熨烫：将所有缝份烫平，倒向正确。

（3）正面熨烫：熨烫腰头、裤口、门里襟等部位，使其平整。

五、思考与实训

（一）牛仔裤缝制工艺练习

在规定时间内，按工艺要求做一条牛仔裤，规格尺寸自定。工艺要求及评分标准见

表2-7。

表2-7 牛仔裤缝制工艺要求及评分标准

项目	工艺要求	分值
规格	允许误差：腰围＝±1cm；臀围＝±1cm；裤长＝±lcm；直裆＝±0.3cm	15
腰头	腰头平服，左右对称，宽窄一致，止口不反吐	10
门里襟	拉链平服，门里襟长短一致，封口牢固，缉线顺直	15
后贴袋	左右对称，大小一致，高低一致	10
前插袋	左右对称，袋口平服，松紧适宜，不拧不皱，缉线整齐，上下封口位置恰当，缝合牢固，袋布平服	15
侧缝	内、外侧缝缉线顺直，不起吊，两裤腿长短一致	10
裆缝	裆底十字缝对齐，平服	10
裤口	宽度均匀，底边平服，不拧不皱	5
整烫效果	各部位熨烫平服	10

（二）拓展设计与训练

设计并制作一款休闲裤，撰写相应的设计说明书，主要内容包括：作品名称，款式图，款式说明，用料说明（面料和辅料），结构图和毛样板图（1∶5），工艺流程图，缝制工艺方法及要求等。

第三节　女西裤缝制工艺

课前准备

一、材料准备

（一）面料

1.面料选择：女西裤的面料可以选择毛料、麻料、化纤类织物等，选择范围比较广泛。面料的厚薄、颜色、图案等均不受限制，根据个人爱好和穿着场合自行设定。

2.面料用量：幅宽144cm，用量为裤长＋10cm，约为110cm。幅宽不同时，可根据实际情况加减面料用量。

（二）其他辅料

1.纽扣：直径为1.7cm的纽扣一粒。

2.拉链：约20cm长的拉链一条，要求与面料顺色。

3.非织造衬：幅宽90cm，用料约为30cm。

4.缝线：准备与使用布料颜色及材质相匹配的缝线。

5.打板纸：整张绘图纸2张。

二、工具准备

备齐制图常用工具与制作常用工具。

三、知识准备

复习收省工艺、门襟工艺、直插袋工艺、直腰头工艺、三角针法等。

一、款式特征概述

女西裤的款式特征为装腰头，串带6个，裤前中门襟处装拉链，前片、后片左右各两个省，侧缝设直插袋，款式如图2-83所示。

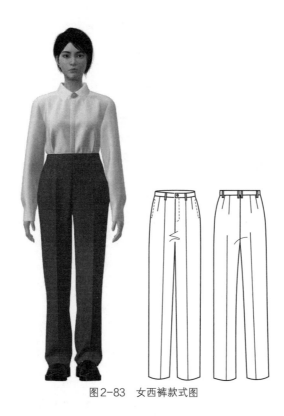

图2-83 女西裤款式图

二、结构制图

（一）女西裤制图规格（表2-8）

表2-8 女西裤规格尺寸 单位：cm

号型	腰围（W）	臀围（H）	裤长（L）	直裆（CD）	腰头宽	裤口宽（SB）
160/68A	68+2	90+10	100	27	3	21

（二）女西裤结构制图

女西裤裤片结构如图2-84所示，零部件毛样板如图2-85所示。

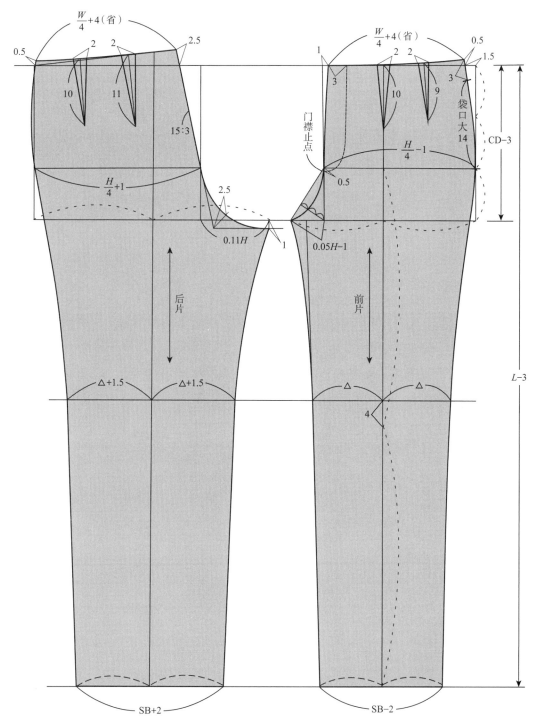

图2-84　女西裤结构图

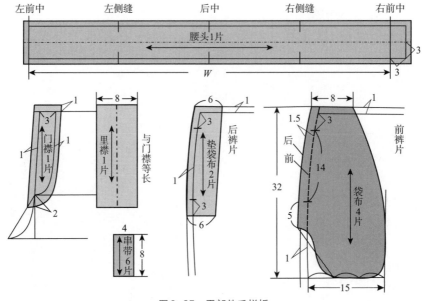

图2-85 零部件毛样板

三、放缝与排料

确认净样无误后加放缝份与贴边得到毛样板，用于排料。排料时，要求样板齐全，数量准确，严格按照纱向要求排放，尽可能提高材料利用率。女西裤的全套样板明细见表2-9。面料放缝与排料如图2-86所示，图中未特别标明的部位放缝量均为1cm。

表2-9 女西裤样板明细

项目	序号	名称	裁片数	标记内容
面料样板（C）	1	前裤片	2	纱向、袋位、臀围线、省位、门襟止点、膝围线、烫迹线、裤口净线
	2	后裤片	2	纱向、袋位、臀围线、省位、膝围线、烫迹线、裤口净线
	3	腰头	2	纱向、前中线、后中线
	4	里襟	1	纱向、开口止点
	5	门襟	1	纱向、开口止点
	6	垫袋布	2	纱向
	7	串带	6	纱向
非织造黏合衬样板（F）	1	腰头衬	2	纱向
袋布样板（P）	1	直插袋前袋布	2	纱向
	2	直插袋后袋布	2	

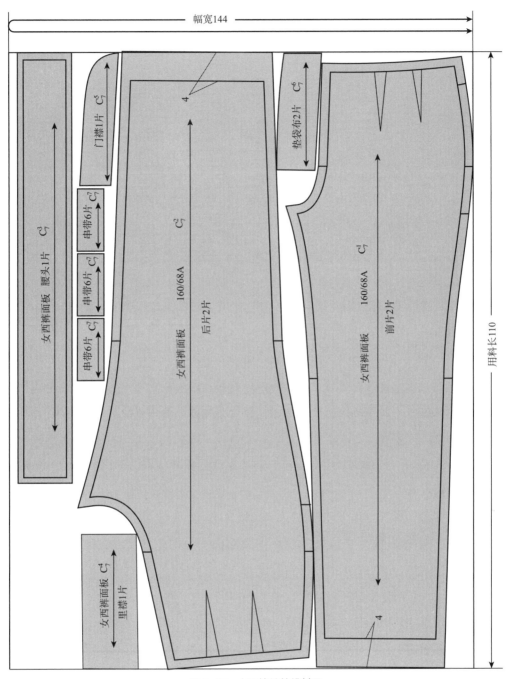

图 2-86　女西裤放缝排料图

四、缝制工艺

（一）缝制工艺流程

女西裤缝制工艺流程如图 2-87 所示。

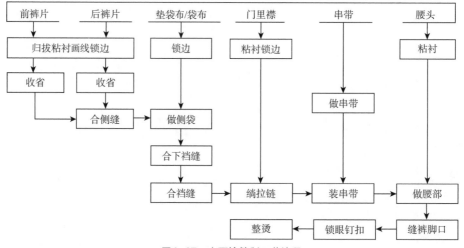

图2-87　女西裤缝制工艺流程

（二）缝制准备

1.检查裁片

（1）检查数量：对照排料图，清点裁片是否齐全。

（2）检查质量：认真检查每个裁片的用料方向、正反形状是否正确。

（3）核对裁片：复核定位、对位标记，检查对应部位是否符合要求。

2.做标记

在前片褶裥位、烫迹线、后片省位、拉链止点、侧缝口袋位置、中裆线、裤脚折边等处做标记。

3.归拔裤片

将门襟、里襟、前片袋位处需要粘衬的部位先粘上非织造衬，然后对裤片进行归拔处理，如图2-88所示。注意熨斗温度要适中，避免损坏面料；归拔力度适中，以免过度拉伸面料。

4.粘衬及锁边

需要粘非织造黏合衬的部位有腰头、门襟、里襟及前裤片袋口处，需要锁边的部位如图2-89所示。

（三）缝制说明

1.收省

分别缝合前片、后片的省道，注意缉线顺直成锥形，起止针处倒回针；省缝分别倒向前后中缝并

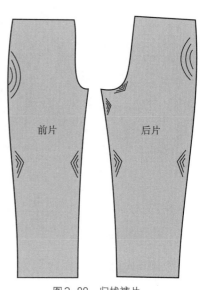

图2-88　归拔裤片

压烫，如图2-90所示。要求省大、省长、省位对称并熨烫平服。

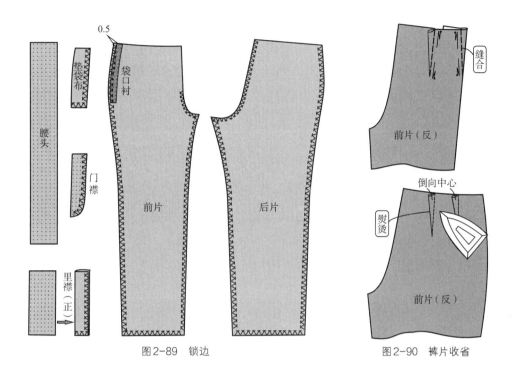

图2-89　锁边　　　　　　　　图2-90　裤片收省

2.合侧缝

前、后裤片正面相对，侧缝对齐，从袋口下止点开始缝合侧缝，如图2-91所示。然后分烫缝份。

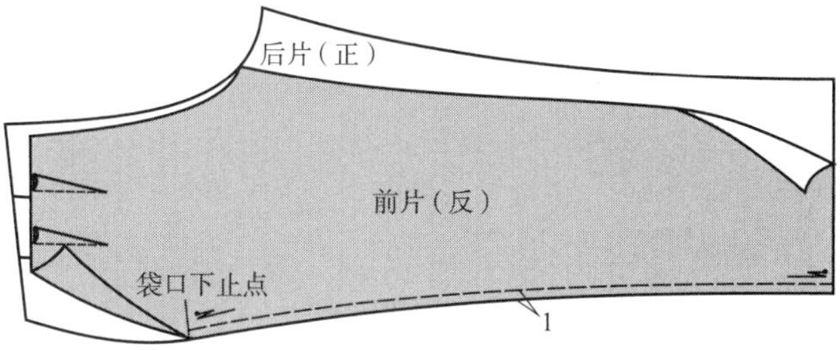

3.做侧缝插袋

侧缝插袋的具体工艺及要求参见本章第一节中的"侧缝直插袋"制作工艺。

图2-91　合侧缝

4.合下裆缝

（1）合下裆缝：分别缝合左、右下裆缝，分烫缝份（中裆以上伸分烫）。要求缉线顺直，烫平、烫实。

（2）烫裤中烫迹线：正面盖水布，侧缝与下裆缝对齐，从腰口到脚口，压烫裤中烫迹线。要求烫迹线挺括、顺直。

5.合裆缝

（1）缝合：两裤筒正面相对套在一起，从后裆缝腰口处一直缉缝至前裆缝开口止点处，起止针处倒回针。为了增强其牢固性，一般要重合缝两道线或采用分坐缉缝。要求缉线顺直，无双轨现象，裆底十字缝对齐，如图2-92所示。

（2）分烫：利用烫凳、布馒头等熨烫工具，将裆缝分开烫平。注意缝份向两侧自然熨烫，使其形成圆顺弧线。

6. 前门襟绱拉链

绱拉链的具体工艺及要求参见本章第一节中的"单做暗缝式门襟"制作工艺。

7. 装串带

参见本章第一节中的"串带工艺"制作串带，先在裤片腰口正面画出串带的定位标记，前串带位于烫迹线，后串带位于后中缝两侧（并排两个），中间串带在两者之间居中；然后将串带反面向上，距腰口0.3cm处摆正，并距离腰口2.5cm处缉线，重合加固2~3次，如图2-93所示。

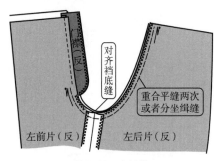

图2-92 合裆缝

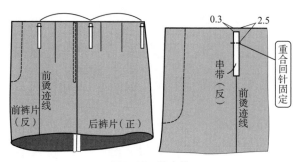

图2-93 装串带

8. 做腰部

（1）做腰头：先将腰头粘全衬，然后沿长度方向的中心线对折烫；再扣烫腰头里下口缝份0.9cm；之后将腰头以烫迹线为准反折，反面缝合两端，缝份1cm；最后将腰头翻正、烫平。

（2）绱腰头：将腰头面与裤片正面相对，比齐对位记号，沿腰口缝合0.9cm，注意不能拉长裤片腰口；然后将腰头翻转，正面压缉0.1cm止口（或正面灌缝）并缉住腰里，或手针缲腰里，如图2-94所示。要求左右腰头宽窄均匀、高度一致，腰头不拧不皱，腰围符合规格，门、里襟和腰头两端平齐。

（3）固定串带：将串带翻上，摆正定位并固定上端。如图2-95所示，常见的固定方法有两种：一种是表面缉线固定，不处理上端毛边；另一种是暗线固定，上端毛边隐藏在两条线迹之间。

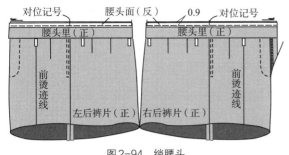

图2-94 绱腰头

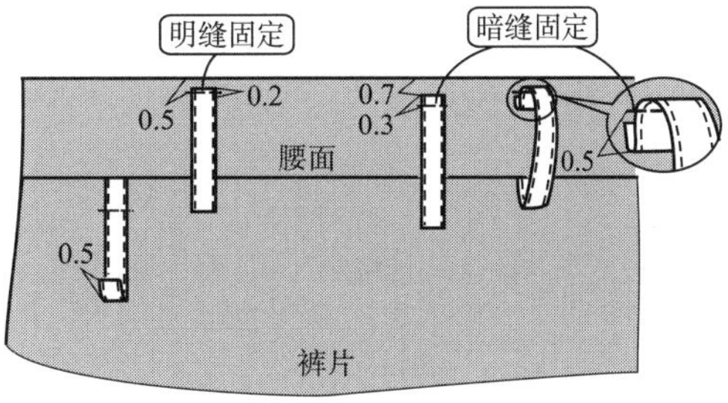

图2-95 固定串带

9. 缝裤脚口

按净线扣烫裤脚口贴边，并用三角针固定。

10. 锁眼钉扣

根据标记，在腰头门襟一端锁一个1.8cm扣眼，里襟一端对应位置钉扣。

11. 整烫

（1）反面所有缝份，根据各自倒向一律喷汽烫平。

（2）前后省、门里襟、袋口、腰头垫布馒头、盖水布，喷汽烫平。

（3）下裆缝与侧缝重叠，前、后烫迹线摆平，掀开一条裤腿，盖上水布，喷汽烫平服；前腰省道处垫上布馒头归烫，后臀部拔烫大裆，烫出胖势，使之更符合人体曲线，如图2-96所示。

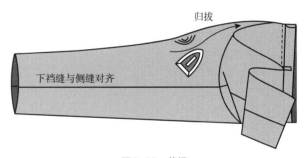

图2-96 整烫

（4）下裆缝烫平后，翻至外侧，盖水布，喷汽烫平；再盖干布，烫干、烫平服。

（5）裤脚口处的三角针，要求针脚细、密、齐，贴边宽窄一致，不能有水迹，不可烫焦、烫黄，前、后烫迹线烫平服。

五、思考与实训

（一）女西裤缝制工艺练习

在规定时间内，按工艺要求完成一条女西裤的裁制，规格尺寸自定。工艺要求及评分标准见表2-10。

表2-10 女西裤工艺要求及评分标准

项目	工艺要求	分值
规格	允许误差：腰围＝±1cm；臀围＝±1cm；裤长＝±1cm；直裆＝±0.3cm	15
腰头	丝缕顺直，宽度一致，内外平服，两端平齐，串带位置恰当，缝合牢固（两端无毛露）	15
门襟	门襟止口顺直，封口牢固，不起吊，拉链平服，缉明线整齐	15
前片	省位对称一致，烫迹线挺直	5
侧袋	左右对称，袋口平服，不拧不皱，缉线整齐，上下封口位置恰当，缝合牢固，袋布平服	15
后片	腰省左右对称，倒向正确，压烫无痕	5
下裆缝与侧缝	缝线顺直，不起吊，分烫无坐势	5
裆缝	裆缝的十字缝处平服，缝线顺直	10
裤脚口	贴边宽度均匀，三角针线迹松紧适宜，正面无针花，底边平服，不拧不皱	5
整烫效果	无污、无黄、无焦、无光、无皱，烫迹线顺直	10

（二）拓展设计与训练

设计并制作一款女裤，撰写相应的设计说明书，主要内容包括：作品名称，款式图，款式说明，用料说明（面料和辅料），结构图和毛样板图（1∶5），工艺流程图，缝制工艺方法及要求等。

第四节　男西裤缝制工艺

课前准备

一、材料准备

（一）面料

1.面料选择：男西裤面料适合选择棉、麻、毛、化纤类、混纺类织物等，颜色深浅根据个人喜好选定。

2.面料用量：幅宽144cm，用量为裤长+10cm，约为115cm。幅宽不同时，可根据实际情况加减面料用量。

（二）里料

1.里料选择：与面料材质、色泽、厚度相匹配的里料。

2.里料用量：幅宽144cm，用量约为35cm。

（三）其他辅料

1. 非织造衬：幅宽90cm，用料约为30cm。

2. 拉链：需要约20cm长的拉链一条，要求与面料顺色。

3. 裤钩：裤钩一副。

4. 纽扣：顺色树脂纽扣，直径1.5cm，4粒（腰头1粒、里襟1粒、后袋2粒）。

5. 缝线：使用与面料颜色及材质相匹配的缝线。

6. 袋布：顺色的中厚涤棉布，幅宽140cm，长50cm。

7. 腰里：专用腰里，长度为腰围+3cm，约80cm。

8. 滚条：包裆缝用顺色滚条约100cm。

9. 打板纸：整开绘图纸2张。

二、工具准备

备齐制图常用工具与制作常用工具。

三、知识准备

提前复习绘制男裤样板的相关知识，复习本章第一节中的"斜插袋""挖袋""夹做切角里襟式门襟"等部分，复习第三节中的"女西裤缝制工艺"。

一、款式特征概述

男西裤是男装中的重要服装品种，也是男士们最主要的下装。西裤以其干练、庄重等特点，深受男士的喜爱。

男西裤的款式特征为装腰头，六个串带，前中门襟处装拉链，前裤片左右各设两个褶裥，侧缝斜插袋，后裤片左右各收两个省，左右各一个双嵌线挖袋，裤脚口略收，如图2-97所示。

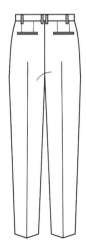

图2-97　男西裤款式图

二、结构制图

（一）男西裤制图规格（表2-11）

表2-11 男西裤规格表

单位：cm

号型	腰围（ W ）	臀围（ H ）	裤长（ L ）	直裆（ CD ）	腰头宽	裤口宽（ SB ）
170/76A	76+2	94+12	105	29	4	22

（二）男西裤结构制图

男西裤裤片结构如图2-98所示，男西裤零部件样板如图2-99所示。

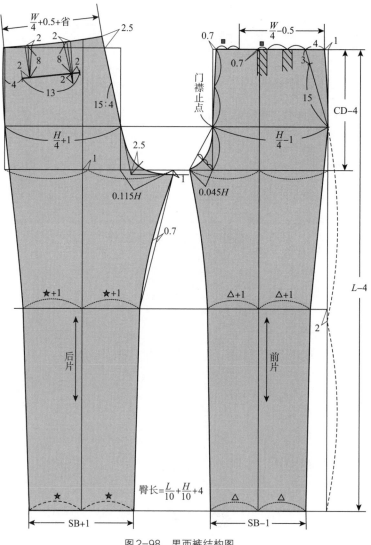

图2-98 男西裤结构图

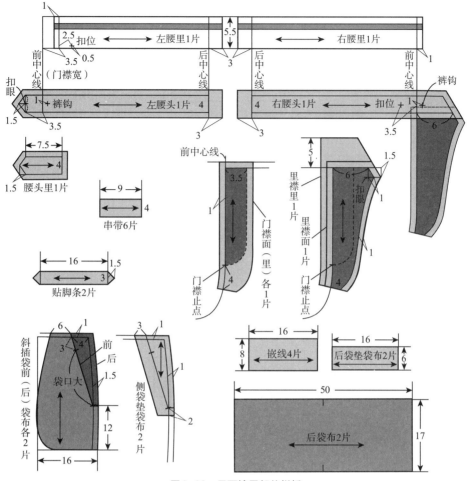

图2-99 男西裤零部件样板

（三）里料样板

男西裤里料样板如图2-100所示。

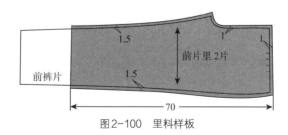

图2-100 里料样板

三、放缝与排料

确认净样无误后加放缝份与贴边得到毛样板，用于排料。排料时，要求样板齐全，数量准确，严格按照纱向要求排放，尽可能提高材料的利用率。男西裤的全套样板明细见表2-12。

表2-12 男西裤样板明细

项目	序号	名称	裁片数	标记内容
面料样板（C）	1	前裤片	2	纱向、袋位、褶裥位、门襟止点、烫迹线、臀围线、膝围线、裤口净线
	2	后裤片	2	纱向、袋位、省位、烫迹线、臀围线、膝围线、裤口净线
	3	右腰头	1	纱向、前中线、后中线
	4	左腰头	1	纱向、前中线、后中线
	5	里襟	1	纱向、开口止点
	6	门襟	1	纱向、开口止点
	7	腰头里	1	纱向
	8	侧袋垫袋布	2	纱向
	9	后袋垫袋布	2	纱向
	10	嵌线	4	纱向
	11	串带	6	纱向
	12	贴脚条	2	纱向
里料样板（D）	1	前裤里	2	纱向、褶裥位
非织造黏合衬样板（F）	1	左腰头衬	1	纱向
	2	右腰头衬	1	
	3	腰头里衬	1	
	4	斜插袋口衬	2	
	5	后袋衬	2	
	6	嵌线衬	2	
	7	门襟衬	2	
	8	里襟面衬	1	
	9	里襟里衬	1	
袋布样板（P）	1	后袋布	2	纱向
	2	斜插袋后袋布	2	
	3	斜插袋前袋布	2	
	4	里襟里	1	
	5	门襟里	1	
腰里样板（R）	1	左腰里	1	纱向、前中心线、后中心线
	2	右腰里	1	

（一）面料放缝与排料

面料放缝与排料如图2-101所示，图中未特别标明的部位放缝量均为1cm，门襟用里襟所占区域的下层布料。

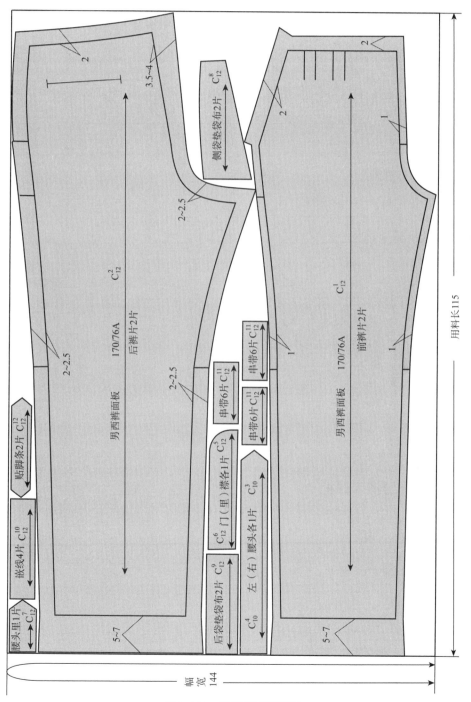

图2-101　男西裤放缝排料图

（二）里料排料

里料排料如图2-102所示。

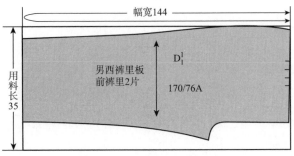

图2-102 男西裤里料排料图

（三）袋布排料

袋布排料如图2-103所示。

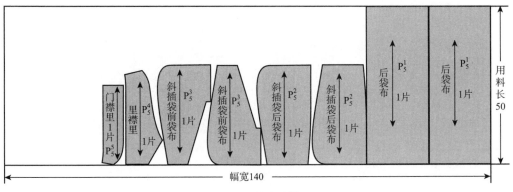

图2-103 袋布排料图

四、假缝与试样修正

（一）假缝

1.打线丁

裤片需要打线丁的部位，如图2-104所示。

2.归拔裤片

前、后裤片需要归拔的部位，如图2-105所示。

在前裤片上喷少许蒸汽，从腹凸点开始，用熨斗按箭头方向进行归拔，在中档部位侧缝线和下档线处要拨开，向裤中线方向归拢，直到下档弧线成直线为止。归拔的重点是后裤片，先喷少许蒸汽，然后从臀凸点开始按箭头方向归拔，中档部位侧缝线和下档线处要拔开；然后将裤中线对折，再沿箭头方向继续归拔，归拔后检查侧缝线与下裆线是否近似直线。

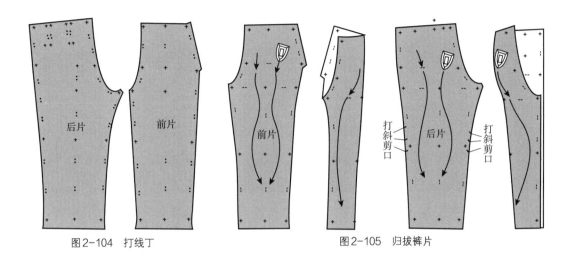

图2-104　打线丁　　　　　　　　　　　　图2-105　归拔裤片

3.绷缝裤片

（1）绷缝省道：在后裤片正面沿省缝线绷缝省道。

（2）绷缝垫袋布、前褶裥：将袋口贴边沿线丁向反面扣倒，压在垫袋布上，与垫袋布线丁对齐，手针绷缝。

（3）绷缝侧缝：先将前裤片侧缝缝份按线丁方向向反面扣折，然后与后裤片线丁对齐，手针绷缝，如图2-106所示。

（4）归拔腰头：直条状腰头要归拔成弧线状，如图2-107所示。

（5）绷缝腰头：如图2-108所示。

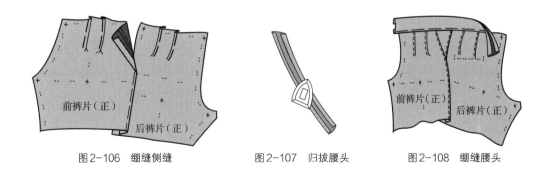

图2-106　绷缝侧缝　　　　　图2-107　归拔腰头　　　　　图2-108　绷缝腰头

（6）绷缝下裆缝：如图2-109所示。将前裤片下裆缝缝份扣折，放在后裤片缝份上，对齐线丁，并在反面插一直尺，手针绷缝。

（7）绷缝裤脚口：如图2-110所示。

（8）绷缝前后裆：如图2-111所示。将左、右裤腿正面相对套在一起，从前口一直绷缝到后裤片臀围线处（后中部分留作围度调整区域）。

图2-109　绷缝下裆缝

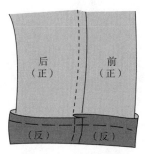

图2-110　绷缝裤脚口

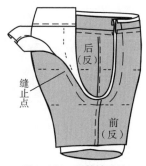

图2-111　绷缝前后裆

（二）试样与修样

假缝后试穿，如不合体或在某个部位产生皱褶，需要查明原因并对底样进行修正。

1.前腰体（驼背体）

从背凸向地面作垂线，垂线距臀围线3cm左右为前腰体，这种体型的人比较瘦，老年人比较多，试穿时易出现以下问题：

从侧面观察，后臀围线被拉向左、右两侧，侧缝线发生歪斜及出现皱褶等。

从后面观察，臀围线附近出现横向沟状皱褶。

修正：前裆线上提0.5cm，前、后侧缝线各向上提1.5cm，前腰口向前裆方向移1cm，后腰口向后裆方向移1~1.3cm（腰口线与侧缝成直角），使侧缝线加长。

2.肥臀体

该体型臀凸点丰满突出，腰部以上向前挺出，所以需要提高后翘，加长后裆线，适当增加臀围，根据情况加宽大裆，使腰口线向侧缝方向移动。

3.O型腿

腿部除呈O型外，大腿上部异常发达，小腿肚也比较粗，造成裤中线向外偏移。

修正：侧缝线处加长0.7cm，腰口线向前、后裆线移动；大腿上部异常发达者，臀围线下向外加肥0.3cm，大裆宽增加0.5cm，前裤片侧缝增加0.3cm，小腿部位侧缝线比下裆线应多加出一些。

4.扁臀体

这种体型的裤子在修正时需要将后裆线缩短，后翘相应降低，横裆处大裆弯加深，前裤片的前裆线也要增加一些。

5.X型腿

这种体型的裤子其裤中线较难处理，需要将纸样剪开，重叠1cm。由于重叠，横裆线以上部位发生变化，使侧缝线减短。

五、缝制工艺

（一）缝制工艺流程

男西裤缝制工艺流程如图2-112所示。

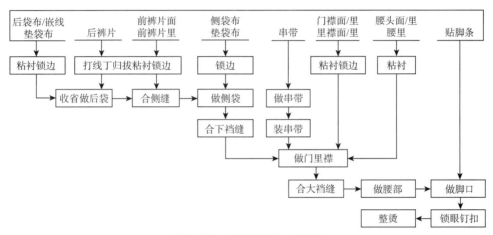

图2-112　男西裤缝制工艺流程

（二）缝制准备

1.修剪缝份

将经过试样修改后的裤片线丁重新修正，然后修剪缝份，下裆缝、侧缝、腰头为1cm，裤脚口贴边为4cm，后裆斜线腰口处为2.5～3cm，到臀高线处恢复为1cm，如图2-113所示。

2.归拔和粘衬

将已归拔的裤片再稍做归拔定型处理，在需要粘衬的部位压烫黏合衬，并压烫前、后裤片的烫迹线。

3.覆前片里子

将前片里子与前裤片两侧及上口绷缝固定。

4.锁边

男西裤需要锁边的部位包括前后裤片的侧缝、脚口、下裆缝，里襟的前中缝，侧袋垫袋布的内口、下口，后袋嵌线及垫袋布的下口，如图2-114所示。

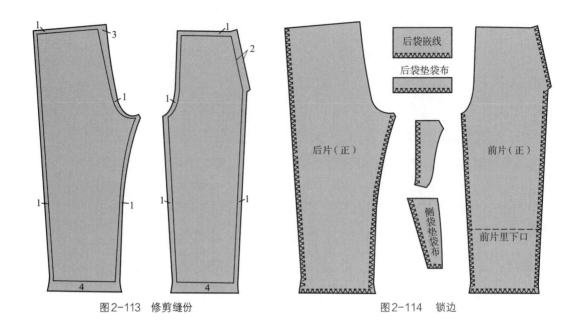

图2-113　修剪缝份　　　　　　　　　　图2-114　锁边

（三）缝制说明

1.做后袋

先收后片腰省，然后做后袋，具体工艺及要求参见本章第一节中的"双嵌线挖袋"制作工艺。

2.前裤片缝制

（1）压烫烫迹线：烫出前裤片烫迹线，注意要垫水布，要求烫迹线顺直、不还口。

（2）做前插袋：具体工艺及要求参见本章第一节中的"斜插袋"制作工艺。

（3）缝褶裥：车缝前裤片褶裥3cm长，褶裥倒向前中心熨烫。完成的前后裤片侧缝如图2-115所示。

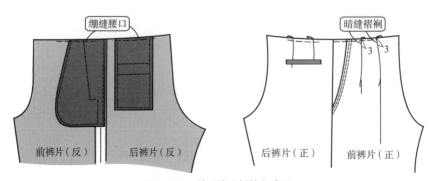

图2-115　前后裤片侧缝完成图

3.合下裆缝

缝合下裆缝，分烫缝份；用滚条包后裆及前小裆缝份。

4.缝制串带

（1）做串带：参见本章第一节中的"串带"制作工艺。

（2）装串带：先在裤片上定好串带位置，前裤片的串带对准裤子褶裥，后中位置的串带距离后裆斜线边缘3cm，裤子侧面的串带在这两处串带位置的中间；所有串带要与裤片正面相对，比齐腰口，在距腰口2.5cm处固定，需要重合回针3~4次，如图2-116所示。

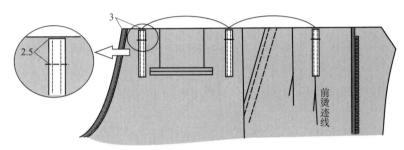

图2-116　固定串带

5.做门里襟

具体工艺及要求参见本章第一节中的"夹做切角里襟式门襟"制作工艺。

6.合大裆缝

从小裆弯接着合裆缝，裆弯处稍拉伸裤片，缝至后中腰面，为加固后裆，采用分坐缉缝或用双针单轨链式机缝合。

7.做腰部

男西裤腰部的制作步骤如图2-117所示。

①钉裤钩：分别在左腰里和右腰面的前中线对应位置钉裤钩。

②绱腰里：掀开表层腰里，从正面的绱腰缝口灌缝，固定内层腰里，也可以将腰里与腰口的缝份用撬边机固定。注意腰头正面不能有线迹，要求腰里与腰面平服，腰里无漏缝。

③钉串带：串带向上翻正，压在腰头表面，将超出上腰口的部分向内折转，然后将上端向下平移0.3cm后缉明线固定，需要重合回针3~4次。要求串带位置准确、缝钉牢固，松量适中。

④固定表层腰里：分别在前烫迹线、侧缝、后中线等处，将表层腰里与裤片缝份进行手缝，点状固定。

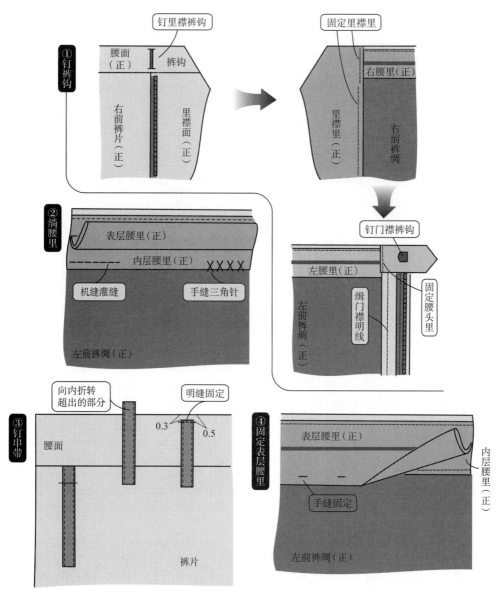

图2-117 做腰部

8.做裤脚口

为保护裤脚口,可以在后中区域加装贴脚条,具体制作步骤如图2-118所示。

①扣烫:将贴脚条的宝剑头及两侧缝份向反面扣烫。

②压缝:将贴脚条的中线与裤中线对齐,贴脚条置于裤脚口净线偏上0.1cm处,并四周缉明线固定。

③固定贴边:扣烫裤脚口贴边,手缝三角针固定。

现在购买裤装后为方便调整裤长,工业化生产时已经省去了脚条的制作。

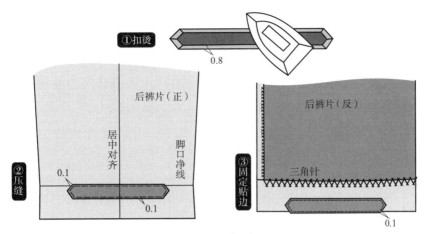

图2-118　贴脚条

9.锁眼钉扣

根据标记，里襟锁一个2.2cm扣眼，左、右后袋口各锁一个1.6cm扣眼；对应位置分别钉扣。

10.整烫

（1）剪线头：整烫之前将裤子上的画线印迹、油污、线头去掉，使裤子里外干净。

（2）熨烫腰头：将裤子反面朝上放在工作台上，熨烫腰里；翻正裤子，熨烫腰面与串带。

（3）熨烫门、里襟：将裤子正面朝上，先熨烫里襟，垫上布馒头，把下面弯势烫平，然后烫门襟。

（4）熨烫裤腿：裤子沿前、后裤中线折叠，置于工作台上，掀起上层裤腿，对准下层裤腿的下裆缝和侧缝，加盖水布，由下向上烫实烫迹线；烫至前腰褶裥处，垫布馒头归烫；烫至臀部时，横裆以下归烫，横裆以上拔烫，烫出臀部胖势，使后裤片符合人体曲线。

六、思考与实训

在规定时间内，按工艺要求精做一条男西裤，规格尺寸自定。工艺要求及评分标准见表2-13。

表2-13　男西裤工艺要求及评分标准

项目	工艺要求	分值
规格	允许误差：腰围＝±1cm；臀围＝±1cm；裤长＝±1cm；直裆＝±0.3cm	15
腰头	丝缕顺直，宽度一致，内外平服、平齐，串带位置适当，缝合牢固，无裥无毛，腰里松紧适宜	10

项目	工艺要求	分值
门襟	门襟顺直，止口不反吐、不反翘，拉链平服，不拧不豁，门里襟高度一致，封口无起吊	15
后袋	省左右对称，省道顺直，倒向正确，压烫无痕；嵌线宽度均匀、上下一致，袋角方正，无裥无毛，袋布平服	15
侧袋	左右对称，袋口不拧不皱，缉线整齐，袋布平服；褶位对称，倒向符合要求	15
里布	平服，松紧适宜	5
合缝	缝线顺直，不吃不赶，分烫无坐势；后裆缝无双轨线，十字缝处对齐	10
裤脚口	贴边宽度均匀，三角针线迹松紧适宜，正面无针花，底边平服，不拧不皱	5
整烫效果	无污、无黄、无焦、无光、无皱，烫迹线顺直	10

实践训练与技术理论

课题名称： 夹克工艺

课题时间： 20课时

课题内容： 夹克部件、部位工艺的设计与制作（12课时）

　　　　　　商务夹克缝制工艺（8课时）

教学目的： 通过对夹克缝制工艺的学习，使学生能系统掌握不同男装的缝制工艺、质量要求，提高学生的动手能力、实际操作能力。通过训练使学生更深入地理解结构与工艺理论，为相关专业课程的学习奠定扎实的基础，同时强化学生热爱劳动的习惯，养成良好的品质意识。

教学方式： 理论讲解、实物分析和示范操作相结合，借助多媒体演示，根据教材内容及学生具体情况灵活制定训练内容，依托基本理论和基本技能的教学，加强课堂与课后训练，安排必要的线下、线上辅导，强化拓展能力。

教学要求： 1.掌握夹克常用口袋的缝制方法。

　　　　　　2.了解夹克门襟袖衩的制作工艺及要求。

　　　　　　3.掌握夹克样板的放缝要点及排料方法。

　　　　　　4.了解夹克的缝制工艺流程和技术方法。

　　　　　　5.了解夹克的缝制工艺要求及质量标准。

第三章　夹克工艺

夹克是生活装的常见品类，属于外穿的轻便式上衣。夹克造型以宽松为主，线条简练，款式丰富，面料适用范围广，穿着舒适，四季皆可服用。

第一节　夹克部件、部位工艺的设计与制作

课前准备

一、材料准备

1.白坯布：部件练习用布，幅宽160cm，长度50cm。

2.非织造衬：幅宽90cm，用量约为20cm。

3.缝线：与面料颜色及材质相匹配的缝线。

二、工具准备

备齐制图常用工具与制作常用工具，相关模板，调试好平缝机。

三、知识准备

复习双嵌线挖袋工艺、袖衩工艺、缩扣烫工艺等。

夹克的相关部件与部位工艺主要包括口袋、门襟、连衣帽等的缝制。

一、口袋工艺

夹克的口袋以实用性为主，细节上也可以进行装饰性设计，分为贴袋、插袋和挖袋，口袋的设计见表3-1。

表3-1　口袋设计

类别	设计说明	设计实例	工艺分析
贴袋	贴袋的袋布贴附在衣片表面，外观可以看到完整的口袋。根据口袋形态的不同可以分为平贴袋、立体贴袋两类，还可以是多层组合的复合式。贴袋的形状可以根据款式需要设计，表面还可以进行装饰性设计，另外可以配合袋盖的设计		先做袋面，再做袋口，贴袋成型后压缉缝钉袋。袋口用连裁或者另裁的贴边做净，其他部位的毛边不处理 袋盖采用双层钩压缝工艺，缉明线或者暗缝固定在设计的位置

续表

类别		设计说明	设计实例	工艺分析
插袋	单层袋布式	单层袋布式插袋的袋口位于衣片间的接缝处，单层袋布直接固定在衣片反面，正面可以看到固定袋布的线迹，袋口处还可以加袋盖		只需要一片用面料裁剪的袋布，袋口以外的边缘锁边或者用滚条包覆，衣身袋口处的连裁贴边折卷做净，再缉明线固定袋布，也可以在衣片反面压缉缝固定袋布
	合缝式	合缝式插袋是在衣片间接缝处留出袋口，隐蔽性好，弱化袋口的外观；还可以在袋口处夹入装饰，如袋盖、花边等，突出袋口的设计		衣身的袋口处需要连裁或者另装贴边，先在袋口一侧的衣片上做好插袋，再接缝两片衣片。如果袋口有装饰，衣身的袋口处只需要留出常规缝份，与袋布钩缝袋口时夹入装饰，再从正面缉缝袋口
	嵌线式	嵌线式插袋的袋口位于衣片间的接缝处，袋口处装嵌线，突出袋口的设计		在衣片袋口处完成单嵌线挖袋，再将两片衣片缝合，也称为半挖袋工艺，比普通挖袋的工艺更加简便
挖袋	嵌线式	嵌线式挖袋外观看到的部分称为嵌线，其袋口以外的三边与衣片剪开的袋口连接，整体嵌入衣身内。嵌线可以是单嵌线、双嵌线及多嵌线组合设计，其形状、宽度、层次等外观都可以设计，可用于各类服装的外袋和内袋		在完整的衣片内剪开袋口，剪开的长度、宽度、形状必须与款式要求的外观一致；由双层的嵌线做净袋口，袋口两端封三角 嵌线如果有装饰性设计，开袋前需要提前完成嵌线的装饰工艺
	拉链式	拉链式挖袋在袋口处装有拉链，袋口可以紧密闭合，外观可以直接看到拉链，或者有嵌线覆盖。嵌线可以是全部覆盖拉链（单嵌线或者双嵌线）或者局部覆盖，多见于运动类、休闲类服装		剪开的袋口由嵌线做净，根据外观确定嵌线露出的位置和宽窄，然后在袋口两侧正面缉线或者反面暗缝分别装拉链
	贴板式	贴板式挖袋外观看到的部分称为袋板，其一侧与衣片剪开的袋口连接，其余三边平贴于衣身表面，外观突出。袋板形状、宽度、层次等都可以设计，多用于风衣、大衣		双层袋板的两端需要提前钩缝做净，剪开的袋口小于袋板的宽度，两侧分别由袋板和（垫）袋布做净，最后缉明线固定袋板两端（相当于封三角）。由于剪开的袋口被袋板盖没，做袋口的工艺精度要求低于嵌线式挖袋

贴袋工艺较简单，在本书第二章第一节中已经做了详细说明，此处不再赘述，下面介绍夹克中常用插袋和挖袋的工艺。

（一）插袋工艺

1.单层袋布式插袋

单层袋布式插袋做在分割线处，袋口具有隐蔽性，外观能看到固定袋布的线迹，款式如图 3-1 所示。制作这种插袋所需的裁片如图 3-2 所示，其制作工艺流程如图 3-3 所示。

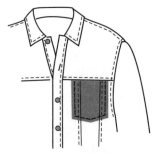

缝制前，需要比着袋布净样板在衣片正面画出口袋净样（确保缝制完成后画线能完全消失），在衣片反面画出袋口记号，具体制作工艺步骤如图 3-4 所示。

图 3-1　单层袋布式插袋款式图

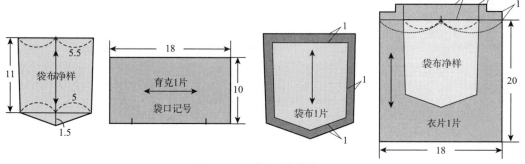

图 3-2　单层袋布式插袋裁片

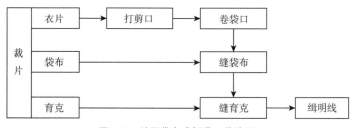

图 3-3　单层袋布式插袋工艺流程

①打剪口：衣片袋口贴边指向袋口两端分别打剪口，剪至距离袋口记号 0.1cm。

②卷袋口：将袋口贴边沿袋口线折向衣片的反面，压烫袋口；再将贴边对折压烫，压烫时注意熨斗不能沿袋口方向推移，以免袋口变形；如果款式的袋口处有明线，则沿烫好的贴边下口缉线固定（卷边缝）。

③缝袋布：将做好袋口的衣片正面朝上，袋布也正面朝上置入衣片下层，上口与衣片的缝份比齐，左右与袋口居中对齐，在袋口两端和袋底处绷缝；沿袋布净线缉缝固定

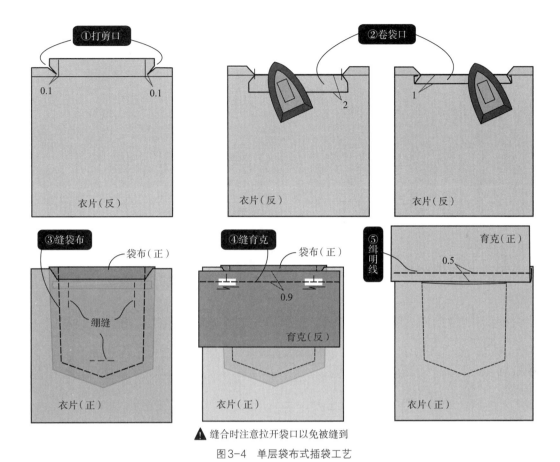

①打剪口

0.1　0.1

衣片（反）

②卷袋口

2

衣片（反）

1

衣片（反）

③缝袋布

袋布（正）

绷缝

衣片（正）

④缝育克

袋布（正）

0.9

育克（反）

衣片（正）

⑤缉明线

育克（正）

0.5

衣片（正）

⚠ 缝合时注意拉开袋口以免被缝到

图3-4　单层袋布式插袋工艺

袋布。

④缝育克：衣片与育克正面相对缝合，缝份0.9cm。缝至袋口区域时注意分离袋口，以免被缝到；缝至袋口两端时注意重合回针，以保证袋口牢度。

⑤缉明线：翻正育克，距离缝口0.5cm缉线固定缝份（根据款式需要确定缉线的位置和数量）。

2.合缝式插袋

合缝式插袋做在分割线处，袋口具有隐蔽性，外观能看到固定袋口两端的线迹，款式如图3-5所示。制作这种插袋所需裁片如图3-6所示，其制作工艺流程如图3-7所示。

缝制前，需要扣烫袋口贴边及垫袋布的缝份，如图3-8所示。合缝式插袋的具体制作工艺步骤如图3-9所示。

①缝合衣片：衣片A与衣片B正面相对缝合袋口以外的部分，缝份1cm，上、下袋口处重合回针。

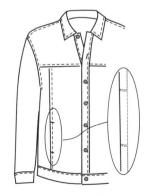

图3-5　合缝式插袋款式图

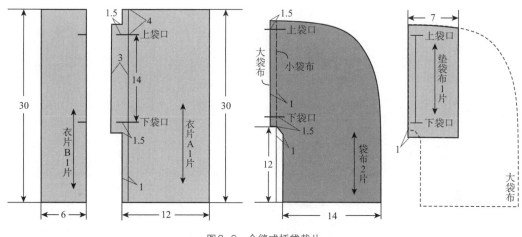

图3-6 合缝式插袋裁片

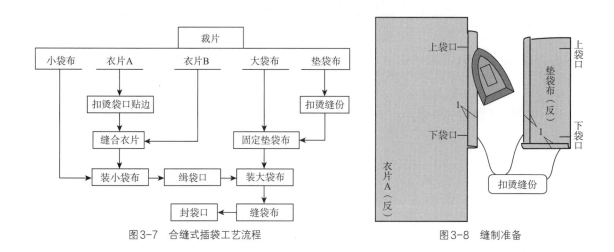

图3-7 合缝式插袋工艺流程

图3-8 缝制准备

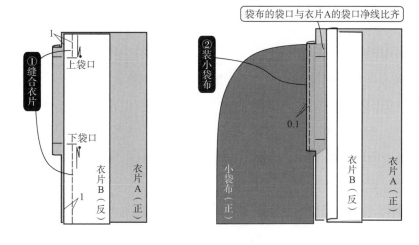

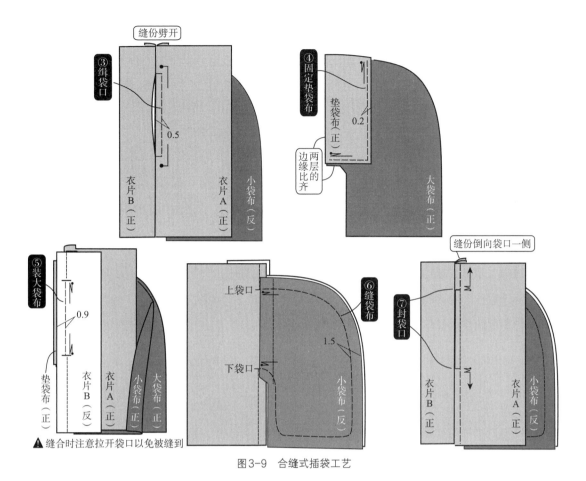

图3-9　合缝式插袋工艺

②装小袋布：将小袋布置入扣烫好的衣片A袋口贴边之下，将两者的袋口净线比齐，距离折边0.1cm缉线固定，两端重合回针。

③缉袋口：将小袋布及袋口贴边沿袋口折转，分开衣片A与衣片B的缝份，在袋口区域缉线，线迹距离袋口0.5cm。注意要顺势缉缝袋口两端。

④固定垫袋布：扣烫好的垫袋布置于大袋布正面袋口处，上下层的边缘在各处比齐，距离折边0.2cm固定垫袋布的里口和下口，起止针重合回针。

⑤装大袋布：将大袋布与衣片B的缝份正面相对，缝合袋口区域，缝份0.9cm，两端要重合回针。注意拉开袋口，以免被缝到。

⑥缝袋布：将两层衣片的缝份倒向衣片A，从正面掀开衣片A，露出袋布；整理两片袋布并沿袋底缝合，缝份1.5cm，两端重合回针。

⑦封袋口：铺平衣片，压烫衣片缝口；分别固定上、下袋口并顺衣片的缝口缉线，袋口两端重合回针四次（袋口处有两组连续线迹且没有线头），袋口以外的线迹与袋口线迹顺直。

3.嵌线式插袋

嵌线式插袋做在衣片的分割线处，袋口另装嵌线，既有利于保持袋口的形状，又增强了袋口的耐磨性，还具有装饰性，款式如图3-10所示。制作这种插袋所需裁片如图3-11所示，衣片袋口处和嵌线需要粘非织造黏合衬。其制作工艺流程如图3-12所示。

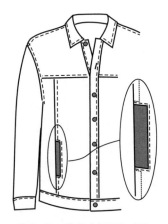

图3-10　嵌线式插袋款式图

缝制前，需要进行粘衬、熨烫和画线的准备工作，如图3-13所示。先在衣片A袋口处及嵌线的反面粘衬，再将嵌线正面朝外对折后压烫折边，扣烫垫袋布的内侧边及下口的缝份（1cm），之后在衣片A袋口处及嵌线表层的正面画出袋口记号。要求画线清晰、准确，且在制作完成后能够完全消除。

嵌线式插袋的具体制作工艺步骤如图3-14所示。

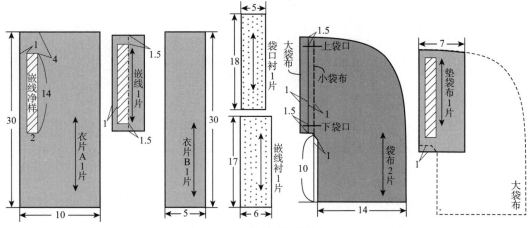

图3-11　嵌线式插袋裁片

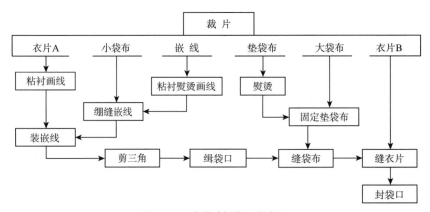

图3-12　嵌线式插袋工艺流程

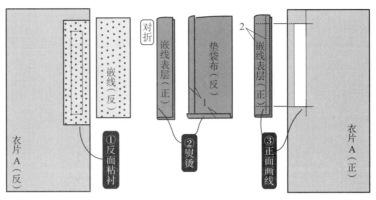

图3-13　缝制准备

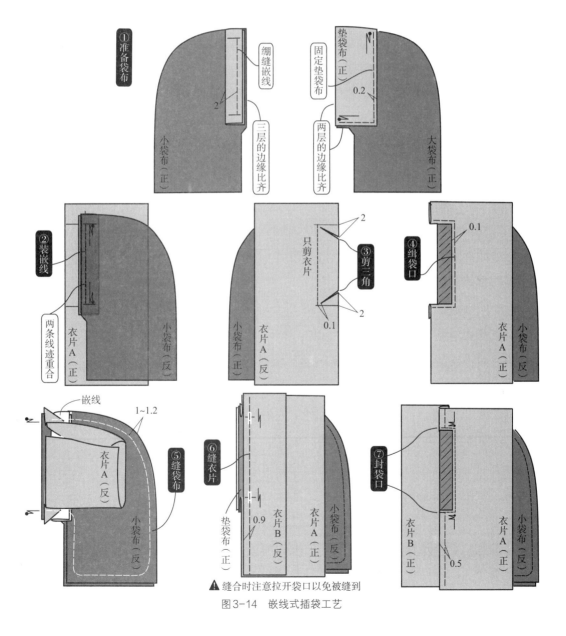

⚠ 缝合时注意拉开袋口以免被缝到

图3-14　嵌线式插袋工艺

①准备袋布：将大、小袋布成对摆放，将嵌线表层与小袋布的正面相对、垫袋布的反面与大袋布正面相对，分别确认固定位置；嵌线与小袋布在袋口处将各层的边缘比齐，在袋口两端记号之间缉线固定，线迹距袋口双折边2cm；垫袋布与大袋布在袋口处的边缘上下、左右分别比齐，沿垫袋布的内侧边及下口边绷缝固定，线迹距折边0.2cm。注意如果嵌线上有装饰性设计（如缉线、加花边等）要在嵌线固定之前完成。

②装嵌线：小袋布与衣片A正面相对（嵌线夹在中间），在固定嵌线的线迹处重合缉线，两端重合回针。

③剪三角：整体翻转至反面，在衣片袋口两端剪三角，剪至距离最后一个针眼0.1cm，注意只剪衣片，不能剪到嵌线和袋布。

④缉袋口：整体翻转至正面，将上、下袋口处的三角分别折向衣片的反面，理顺各片后在衣片上沿嵌线的三边缉线，线迹距离折边0.1cm。

⑤缝袋布：大袋布、小袋布正面相对，比齐袋口记号，沿袋布缉缝一圈，缝份1~1.2cm，袋口两端回针，注意不能缝到衣片。

⑥缝衣片：衣片A与衣片B正面相对缝合，在上、下袋口处重合回针，确保袋口牢度。注意拉开袋口，以免缝到袋口嵌线。

⑦封袋口：两层衣片的缝份均倒向衣片A并压烫缝口，分别固定上、下袋口并沿衣片的缝口缉线，袋口两端重合回针四次（袋口处有两组连续线迹且没有线头），袋口以外的线迹距离缝口0.5cm（根据款式要求确定）。要求袋口顺直，嵌线宽度一致，袋角方正，封口牢固，布面平服。

（二）挖袋工艺

1.嵌线式挖袋

嵌线式挖袋的袋口位于完整的衣片内，袋口处呈嵌入状的部分称为嵌线，外观看到的嵌线即剪开袋口的形状，所以装嵌线时的位置和尺寸要求很精确。嵌线的数量、形状、层次等都可以设计，不过各种嵌线的挖袋工艺都比较接近，下面以夹克常用的单嵌线挖袋（款式如图3-15所示）为例说明其工艺。制作这种插袋所需裁片如图3-16所示，衣片袋口处和嵌线需要粘非织造黏合衬。其制作工艺流程如图3-17所示。

缝制前，需要进行粘衬、熨烫和画线的准备工作，如图3-18所示。先在衣片袋口处及嵌线的反面粘衬，再将嵌线正面朝外对折后压烫折边，

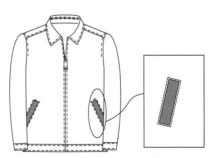

图3-15 嵌线式挖袋款式图

扣烫垫袋布的内侧边及下口的缝份（1cm），之后在衣片袋口处及嵌线表层的正面画出袋口记号。要求画线清晰、准确，且在制作完成后能够完全消除。

嵌线式挖袋的缝制工艺步骤如图3-19所示。

①准备袋布：将大、小袋布成对摆放，将嵌线表层与小袋布的正面相对、垫袋布反

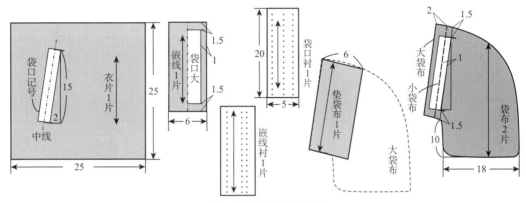

图3-16　嵌线式挖袋裁片

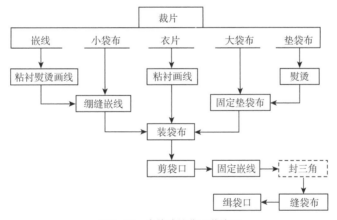

图3-17　嵌线式挖袋工艺流程

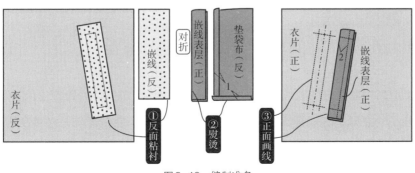

图3-18　缝制准备

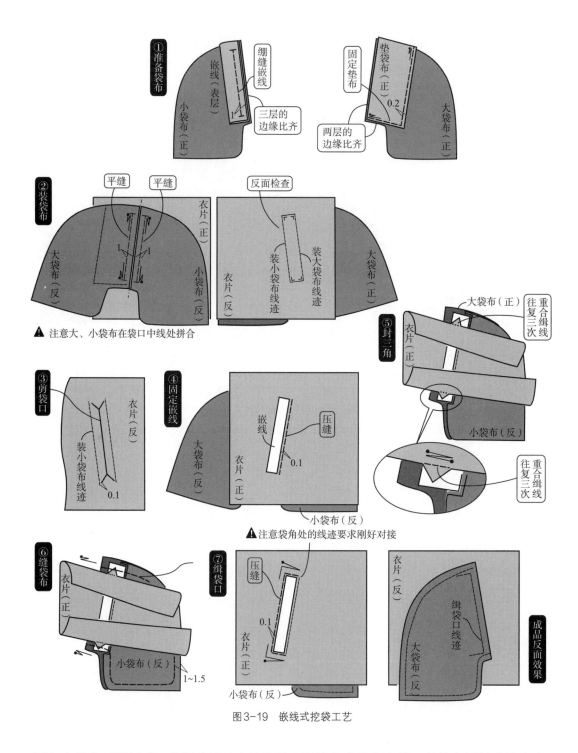

图3-19 嵌线式挖袋工艺

面与大袋布正面相对，分别确认对应的位置；嵌线与小袋布在袋口处将各层的边缘比齐，在袋口两端记号之间绷缝固定，线迹距袋口双折边2cm；垫袋布与大袋布在袋口处的边缘上下、左右都比齐，沿垫袋布的内侧边及下口边缉线固定，线迹距折边0.2cm。注意如果嵌线上有装饰性设计（如缉线、加花边等）要在绷缝嵌线之前完成。

②装袋布：先在袋口前侧装小袋布，将小袋布与衣片正面相对（嵌线夹在中间），在绷缝嵌线的线迹上重合缉线，两端重合回针；然后在袋口后侧装大袋布，注意只缝合袋口区域且两端回针，两条线迹间距2cm。整体翻转至反面检查，要求装袋布的两条线迹平行，间距2cm，两端连线成直角。

③剪袋口：确认无误后，在两条线迹中间剪袋口，两端剪三角，剪至距离最后一个针眼0.1cm处。

④固定嵌线：由剪开的袋口将袋布翻至衣片的反面，大、小袋布分别贴合在袋口两侧，此时嵌线正好覆盖衣片正面的袋口；理顺嵌线和小袋布，在衣片正面沿装嵌线的缝口0.1cm处缉线固定。

⑤封三角：在衣片反面整理好嵌线与小袋布，并将大袋布重叠平铺于小袋布之上；整体翻转至衣片正面，掀开袋口两端的衣片，沿三角的底边往复缉缝3次（袋口处为连续线迹）。注意缝线的位置必须准确，缝多会使正面袋角处出褶，缝少会使袋角处毛露。熟练之后，可以在缝袋布的时候一并封三角，省略该工序。

⑥缝袋布：确认袋口效果，满意后沿袋布缉缝一周，缝份1~1.5cm，不需要处理毛边。

⑦缉袋口：在衣片袋口三边缉明线，线迹距离缝口0.1cm，注意两端与缉嵌线的线迹正好对接。

缝制完成的挖袋要求嵌线顺直，宽度一致，缉线美观；袋角方正，封口牢固，布面平服。

2.拉链式挖袋

拉链式挖袋多见于夹克、休闲裤等，袋口由拉链覆盖，或者再有嵌线覆盖在拉链表面，款式如图3-20所示。制作这种挖袋所需裁片如图3-21所示，其制作工艺流程如图3-22所示。

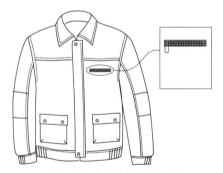

缝制前，需要进行粘衬和画线的准备工作：先在衣片袋口处及嵌线的反面粘衬，之后在衣片袋口处及嵌线的正面、反面画出袋口记号，要求画线

图3-20 拉链式挖袋款式图

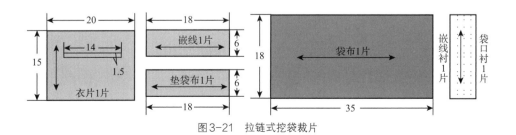

图3-21 拉链式挖袋裁片

清晰、准确且在制作完成后能够完全
消除。拉链式挖袋的制作工艺步骤如
图3-23所示。

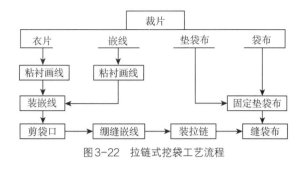

图3-22 拉链式挖袋工艺流程

①装嵌线：嵌线与衣片正面相对
叠合，对齐袋口记号，沿袋口四周绗
缝，注意四个袋角上必须有针迹（眼）
且不能断线。

②剪袋口：在两条长线迹的中间剪袋口，两端剪三角，剪至距离最后一个针眼
0.1cm处。

③绷缝嵌线：将嵌线全部翻至衣片反面，压烫止口定型，注意止口处不能留坐势；
距离袋口四周1cm用大针脚绷缝固定嵌线。

④装拉链：将拉链置于袋口中间，四周绗缝0.1～0.2cm明线固定，注意拉链头要留

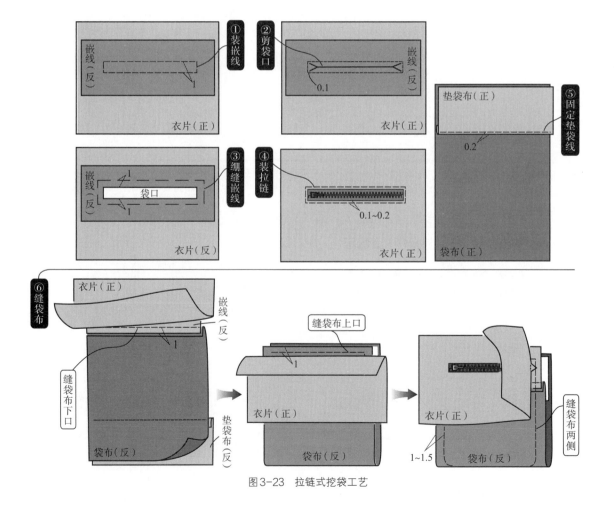

图3-23 拉链式挖袋工艺

在袋口区域。

⑤固定垫袋布：垫袋布与袋布上口比齐，沿垫袋布的下口缉线固定（压缉缝或者锁边后直接压线）。

⑥缝袋布：袋布下口与嵌线下口合缝，缝份1cm；袋布上口（连同垫袋布）与嵌线上口缝合，缝份1cm；顺势缝合袋布两侧，缝份1～1.5cm，不需要处理毛边。如果作为单层服装的口袋，袋布的毛边可以用包缝机锁边或者用滚条包覆。

缝制完成的挖袋要求袋口顺直，袋角方正，缉线美观；封口牢固，布面平服。

3.贴板式挖袋

贴板式挖袋多见于夹克、风衣、大衣等的侧袋，袋板较宽，袋口方正，款式如图3-24所示。制作这种挖袋所需裁片如图3-25所示，其制作工艺流程如图3-26所示。

缝制前，需要进行粘衬、熨烫和画线的准备工作，如图3-27所示。先在衣片袋口处及袋板的反面粘衬，扣烫垫袋布的内侧边及下口的缝份（1cm），之后在衣片正面袋口处及袋板的正、反

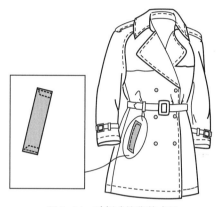

图3-24 贴板式挖袋款式图

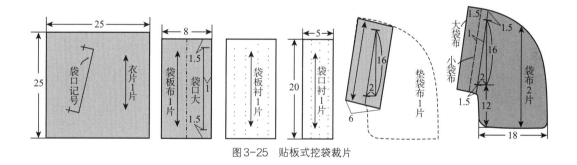

图3-25 贴板式挖袋裁片

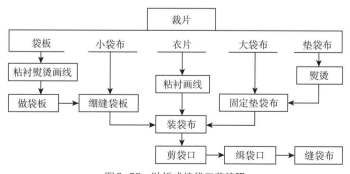

图3-26 贴板式挖袋工艺流程

面画出袋口记号，要求画线清晰、准确且在制作完成后能够完全消除。

贴板式挖袋的制作工艺步骤如图3-28所示。

①做袋板：将袋板正面相对对折，钩缝两端，缝份0.9cm；翻正袋板，压烫折边。此时可以缉缝袋板的装饰线迹。

②准备袋布：袋板与小袋布正面相对，比齐袋口，对准袋口记号，沿袋口净线绷缝固定；垫袋布与大袋布比齐袋口记号，压缝固定内侧及下口，缝线距离折边0.2cm。

③装袋布：小袋布装在袋口前侧，袋布朝上，对齐袋口线，沿袋板绷缝线迹缉缝，

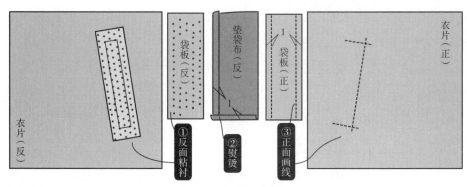

图3-27　缝制准备

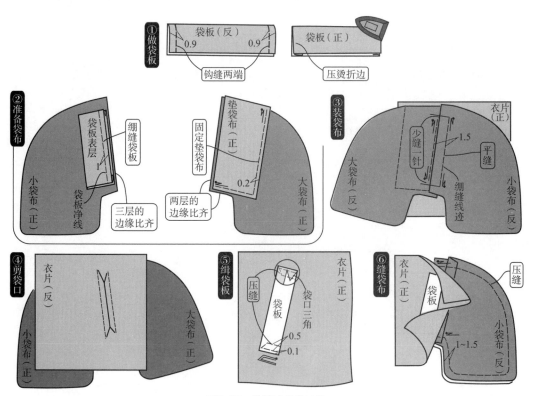

图3-28　贴板式挖袋工艺

注意两端重合回针；大袋布装在袋口后侧，袋口处插入小袋布的下层，上下端与小袋布平齐，依照装小袋布的线迹画出袋口记号；沿袋口1.5cm处缉线，两端比袋口记号少缝一针，注意重合回针。

④剪袋口：翻至反面，在两条线迹的中间剪袋口，两端剪三角，剪至距离最后一个针眼0.1cm处。

⑤缉袋板：将大、小袋布由袋口处翻至衣片反面，理顺所有部位，从正面压烫袋口，注意剪开的三角要保持原状（不能折转）；袋板两端缉线固定袋口，该线迹同时也起到封三角的作用。

⑥缝袋布：从正面掀开衣片，沿袋布缉缝一周，缝份1~1.5cm，不需要处理毛边。

缝制完成的挖袋要求袋板顺直，宽度一致，缉线美观；袋角方正，封口牢固，布面平服。

二、门襟工艺

门襟是为服装穿脱方便而设的开口，是服装中最醒目的部位之一。以门襟开合固定方式的不同，夹克及风衣的门襟可以分为拉链式和扣式两大类，具体设计见表3-2。

表3-2　门襟设计

类别		设计说明	设计实例	工艺分析
拉链式门襟	出牙式	拉链牙露在门襟止口外，开合方便、工艺简单。拉链和面料顺色或者撞色，具有一定的装饰性。这类门襟多用于校服、运动服等		成品中门襟处会露出一定宽度的拉链，裁片时衣身与贴边的门襟止口处都需要减去这一宽度 衣身与贴边的门襟止口处做常规钩压缝，拉链夹于其间，需要专用的宽窄压脚缉缝
	齐牙盖没式	衣身门襟刚好盖没拉链牙，外观精致，为开合方便，门襟止口做开放式，但是开合操作不当时容易将布料卷入拉链中 可以设计为衣身直接覆盖拉链，也可以沿止口近距离（0.1~0.3cm）缉线，嵌入细绳、另装覆盖条等，既可以增加装饰性，也可以避免拉链头上下拉动时夹住门襟。这类门襟多用于商务装、时装等		款式外观上不露拉链，但为了开合方便，成品中贴边止口处会露出一定宽度的拉链，所以裁片时贴边止口处的缝份要少于衣身止口处的缝份 衣身与贴边的门襟止口处先做常规钩缝，拉链夹于其间，再做压缝。由于衣身和贴边的止口位置不对等，增加了工艺难度

续表

类别		设计说明	设计实例	工艺分析
拉链式门襟	挡襟覆盖式	在出牙式拉链门襟外加挡片设计以覆盖拉链，具有加固门襟、保暖、美观等作用。这类门襟多用于工装、棉服等		挡襟为双层部件，两端及止口做净，压缉缝固定在出牙式拉链门襟的外层
扣式	普通门襟	根据款式或功能要求，衣身门襟处左右重叠，可以设计为单排扣、双排扣等，也可以设计为单独的双层门襟条。男装的左片为门襟，女装大多是右片为门襟，也可以是左片为门襟	 	普通门襟需要衣身加出搭门，根据款式所需纽扣的大小确定搭门的宽度，门襟止口处衣身与贴边钩缝（无明线）或者钩压缝（有明线）做净 单独的门襟条双层做净后，与衣身骑缝连接
	暗门襟	双重门襟，扣合后纽扣隐藏于双重门襟之间，为了固定内层的门襟，表面会有线迹	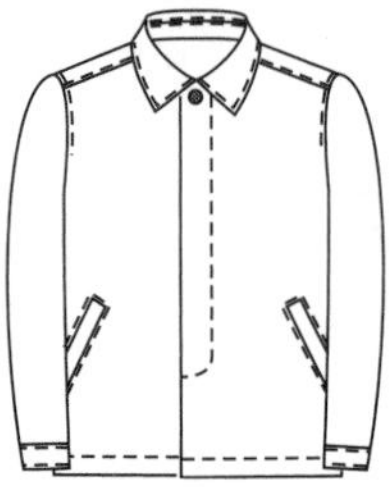	双重门襟至少有四层，止口处需要两两分别做净，为了减小门襟厚度，夹在中间的两层一般采用里料，在内层门襟上打扣眼

　　夹克和风衣的门襟工艺主要是做净门襟止口处的毛边，并加入必要的开合组件，实现分开和闭合的功能，主要分为拉链式门襟工艺和扣式门襟工艺两大类，下面具体说明各类门襟的制作工艺。

（一）拉链式门襟工艺

1.出牙式拉链门襟

　　出牙式拉链门襟对合于前中线，拉合后外观可以看到拉链牙以及一定宽度的拉链底布，衣片上顺门襟缉明线，款式如图3-29所示，其裁片如图3-30所示，贴边需要全粘非织造黏合衬。注意门襟处需要做对位记号，记号的位置根据款式要求而定，对于初学者建议多做几组对位记号。

制作门襟时，先将贴边粘衬，平缝机换上缝拉链专用的宽窄压脚，具体工艺步骤如图3-31所示。

①缝拉链：将衣身与拉链及贴边正面相对，对齐门襟、拉链、贴边的对位记号（可以在记号处将三层绷缝固定或者用针别合临时固定），并将门襟及下摆处各层的边缘比

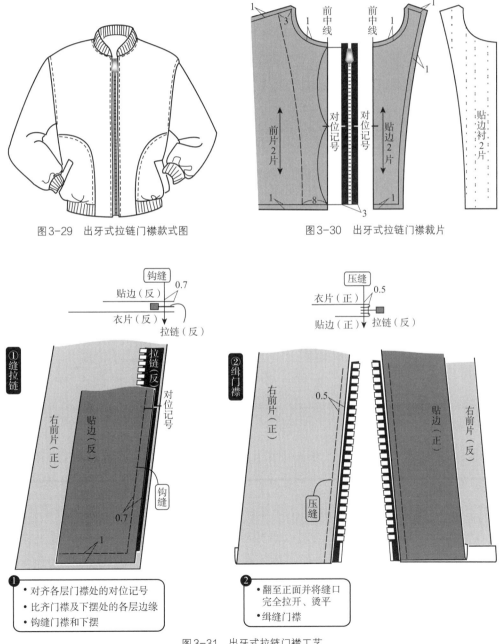

图3-29　出牙式拉链门襟款式图　　　　　图3-30　出牙式拉链门襟裁片

图3-31　出牙式拉链门襟工艺

齐，钩缝门襟（缝份0.7cm）及下摆（缝份1cm）。注意一定要对齐各层门襟处的对位记号，这样不仅可以防止缝合时各层错位，也可以保证左、右侧门襟的对称。

②缉门襟：翻正衣身，将里外层的缝口都完全拉开并熨烫平整，在距离门襟止口0.5cm处缉明线固定。注意如果缝口处未完全拉开，就会留有坐势，不仅影响拉链头的上下拉动，也会使成品的胸围尺寸不足。

2.齐牙盖没式拉链门襟

齐牙盖没式拉链门襟对合于前中线，拉合后衣身门襟刚好盖住拉链牙，从外观上看不到拉链，衣身上顺门襟缉明线。款式如图3-32所示，其裁片如图3-33所示，贴边需要全粘非织造黏合衬。注意门襟处需要做对位记号，记号的位置根据款式要求而定，对于初学者建议多做几组对位记号。

 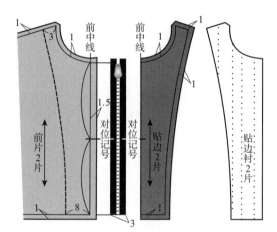

图3-32 齐牙盖没式拉链门襟款式图　　　图3-33 齐牙盖没式拉链门襟裁片

制作门襟时，先将贴边粘衬，平缝机换上缝拉链专用的宽窄压脚，具体工艺步骤如图3-34所示。

①烫门襟：借助扣烫样板，将衣身前中的缝份沿门襟止口线扣烫。熨烫时注意熨斗不可以顺门襟长度的方向推移，这样操作会使止口变形、拉长。如果款式中门襟有装饰性设计，需要先完成装饰工艺再进入下一步。

②缝拉链：将衣身与拉链及贴边正面相对，对齐门襟、拉链、贴边的对位记号（可以在记号处将三层临时绷缝或者用针别合固定），并将门襟及下摆处各层的边缘比齐，钩缝门襟（缝份0.7cm）及下摆（缝份1cm）。注意一定要对齐各层门襟处的对位记号，这样不仅可以防止缝合时各层错位，也可以保证左、右侧门襟的对称。

③缉门襟：翻正衣身，沿扣烫好的止口理顺门襟，将贴边的缝口完全拉开并熨烫平

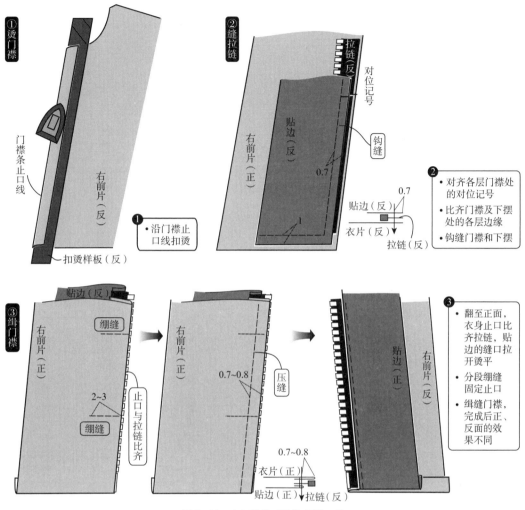

图3-34 齐牙盖没式拉链门襟工艺

整，在距离门襟止口0.7~0.8cm处缉明线固定。缉线时5层缝料间容易错位，建议先将门襟处分段进行临时固定，并拉合拉链检查两侧门襟的对称性。

（二）扣式门襟工艺

扣式门襟以其外观的不同可以分为普通门襟（纽扣可见）和暗门襟（纽扣隐藏），从工艺的角度可以分为连裁式和另装式。

1.另装式普通门襟

另装式普通门襟为另裁的双层门襟条，与衣片骑缝连接，常见于男衬衫、牛仔夹克等，款式如图3-35所示。制作这种门襟所需的裁片如图3-36所示，其工艺步骤如图3-37所示。

（1）烫门襟条：借助扣烫样板熨烫门襟条，使里层止口比表层宽出0.1cm。注意不能顺门襟长度方向推移熨斗，以免止口变形。

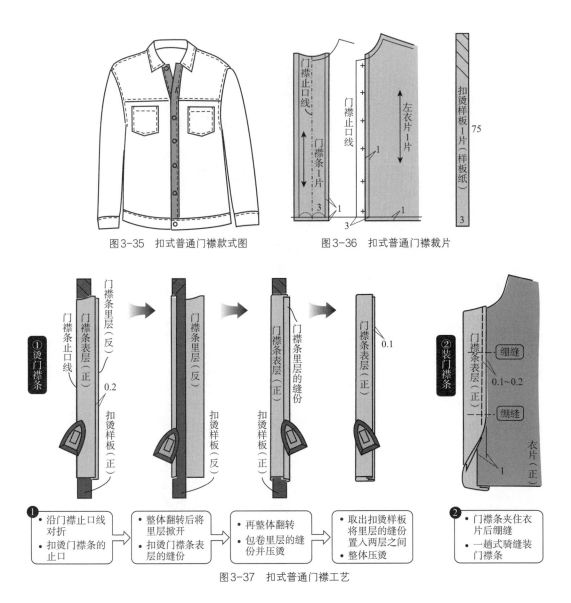

图3-35 扣式普通门襟款式图　　　图3-36 扣式普通门襟裁片

图3-37 扣式普通门襟工艺

（2）装门襟条：门襟条与衣片骑缝固定，缝合过程中注意确认衣片缝份保持1cm。注意需要5层一并缝合，门襟条的表里层易出现较明显的错位，是工艺难点。

2.夹层式暗门襟

夹层式暗门襟是双层门襟，共由四层组成，扣眼打在内层门襟上，扣合后衣片表面看不到纽扣，但是能在正面看到固定门襟的线迹，款式如图3-38所示。制作这种门襟所需的裁片如图3-39所示，贴边和两片门襟布反面全粘非织造黏合衬。其制作工艺步骤如图3-40所示。

①钩缝门襟布：门襟布分别与衣身、贴边缝合止口，并在缝合止点处打剪口。

②绷缝门襟布：分别翻正衣身、贴边，压烫止口，绷缝固定门襟布。

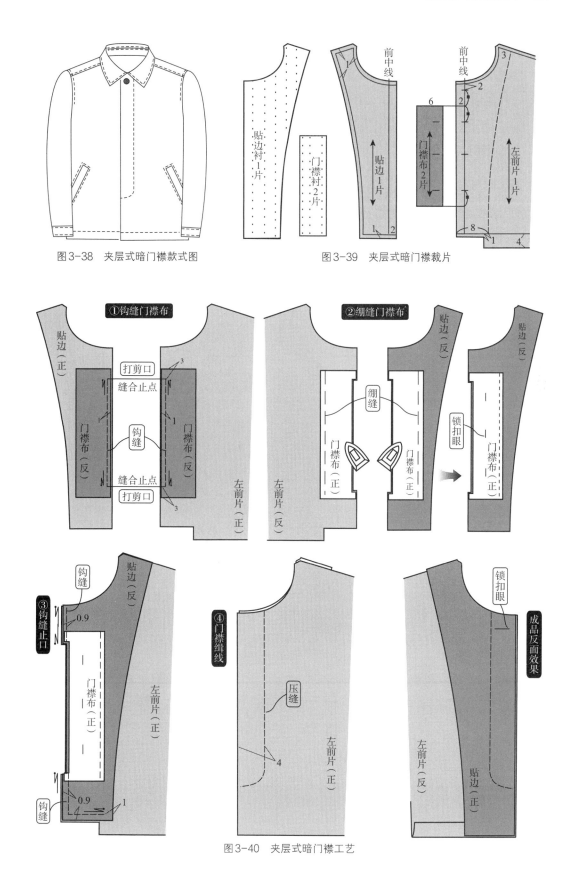

图3-38 夹层式暗门襟款式图

图3-39 夹层式暗门襟裁片

图3-40 夹层式暗门襟工艺

③钩缝止口：在贴边预定位置锁扣眼；贴边与左衣片正面相对，钩缝上、下两段止口，顺缉下摆。

④门襟缉线：翻正衣身，在门襟处缉明线固定贴边；在上方锁扣眼。

三、连衣帽工艺

连衣帽与衣身的领口连接，能覆盖除了面部以外的头部其他区域，防寒保暖。为了便于活动，连衣帽一般比较宽松，搭配收紧帽口的设计，如抽绳、扣襻等。从款式及结构的角度分析，连衣帽有两片对称式、两侧分割式、头顶分割式等，款式如图3-41所示。连衣帽一般采用全挂里工艺，下面以两片对称式连衣帽为例，说明其制作工艺。制作所需裁片如图3-42所示，缝制前，帽面反面的帽口处粘衬，具体制作工艺步骤如图3-43所示。

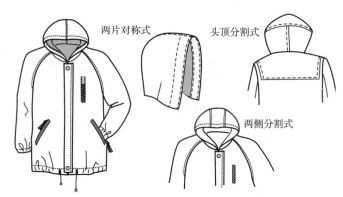

图3-41 连衣帽款式图

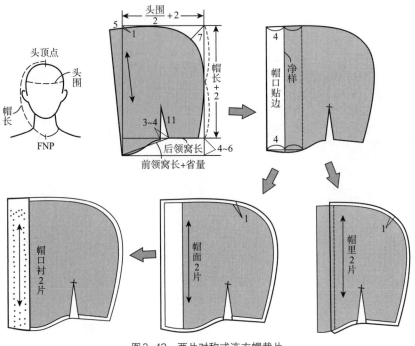

图3-42 两片对称式连衣帽裁片

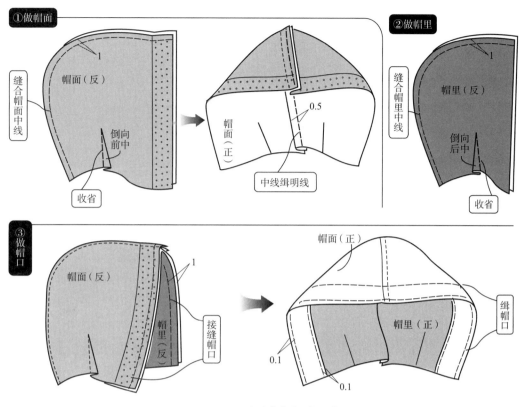

图3-43 两片对称式连衣帽工艺

①做帽面：先在帽面下口收省，省缝倒向前中；再缝合帽面中线，并从正面坐缉缝。

②做帽里：先在帽里下口收省，缝份倒向后中；再缝合帽里中线，缝份倒向与帽面相反的方向。

③做帽口：帽里、帽面接缝帽口，缝份倒向帽面，翻正后压烫帽口折边；在帽口及面与里接口处缉明线固定，线迹距离折边0.1cm。

四、思考与实训

（一）常规部件工艺练习

（1）练习嵌线式插袋缝制工艺。

（2）练习各类挖袋缝制工艺。

（二）拓展设计与训练

总结插袋、挖袋、门襟的工艺设计方案，根据相关设计要素，对口袋、门襟进行创新设计，并制作成品。

第二节　商务夹克缝制工艺

课前准备

一、材料准备

（一）面料

1.面料选择：面料材质适合选择棉、毛、混纺或化纤类织物等。春秋穿用的夹克，面料应选择全棉细帆布、涤棉卡其、涤粘混纺织物、精纺毛织物等。冬季穿用的夹克，面料应选择各种粗纺毛呢类，如格呢、仿麂皮材料、羊绒织物等。

2.面料用量：幅宽144cm，用量为衣长＋袖长＋20cm，约为150cm。幅宽不同时，根据实际情况加减面料用量。

（二）里料

1.里料选择：与面料材质、色泽、厚度相匹配的里料。

2.里料用量：幅宽144cm，用量为衣长＋袖长，约为130cm。

（三）其他辅料

1.黏合衬：中等厚度非织造衬，幅宽90cm，长度约100cm。

2.纽扣：4粒1.7cm袖口用扣，2粒1.2cm里袋用扣，材质及颜色与所用面料相符。

3.拉链：需要约60cm长的分离式拉链一条，要求与面料顺色。

4.垫肩：圆头软垫肩1副。

5.缝线：准备与布料颜色及材质相符的机缝线。

6.打板纸：绘图纸3张。

二、工具准备

备齐制图常用工具与制作常用工具。

三、知识准备

提前预习男装原型衣片制图方法，准备男装原型衣片净样板，复习本章第一节内容。

夹克根据穿着场合可分为商务夹克、休闲夹克、运动夹克等，本节以商务夹克为例介绍夹克工艺。

一、款式特征概述

本款夹克造型比较宽松，长及臀围，挂全里。分领座平方领，前中门襟装拉链，左右各一斜板式挖袋，另装下摆条；后片横育克分割，下摆靠近侧缝处左右各收一省；两片袖，袖口收一个裥，方头袖克夫，钉两粒扣，如图3-44所示。

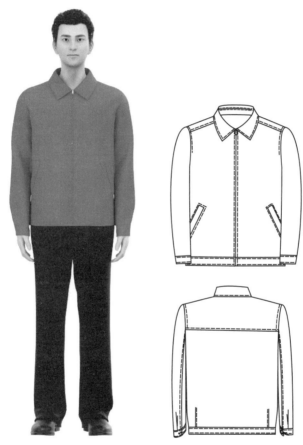

图3-44 夹克款式图

二、结构制图

（一）制图规格（表3-3）

表3-3 夹克制图规格表 　　　　　单位：cm

号/型	胸围（B）	衣长（L）	肩宽（S）	袖长（SL）	袖口宽（CW）	领座宽（a）	翻领宽（b）
170/88A	88+20	42.5+26	43.6+3	55.5+4.5	13	3.5	4.5

（二）男装原型及夹克原型

男装原型如图3-45所示，图中 B^* 表示净胸围。在男装原型的基础上进行相应调整，得到夹克原型，如图3-46所示。

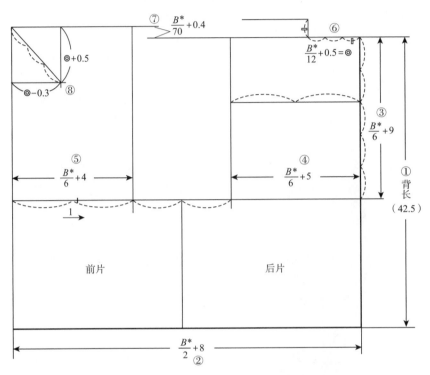

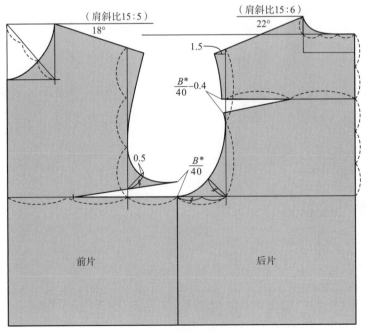

图3-45 男装原型结构图

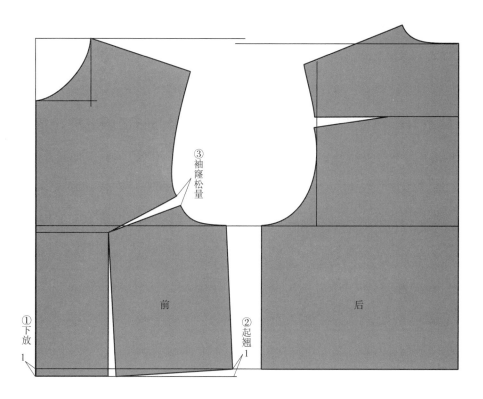

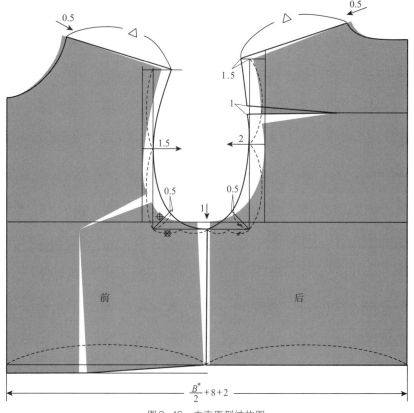

图3-46　夹克原型结构图

（三）夹克结构制图

夹克衣片与领片结构如图3-47所示，袖片结构如图3-48所示，相关部件规格如图3-49所示。

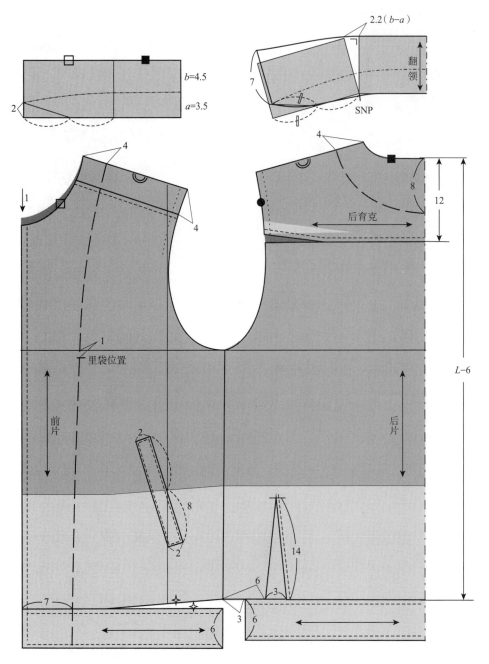

图3-47 夹克衣片与领片结构图

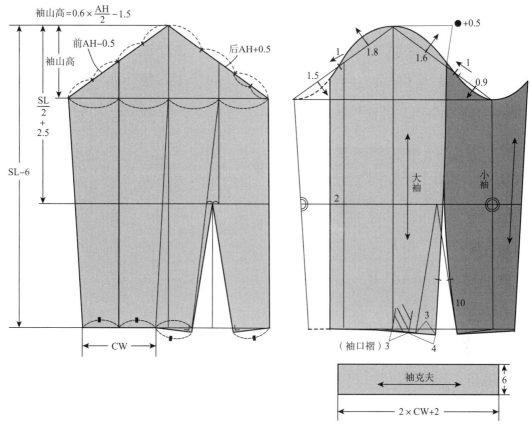

图3-48　夹克袖片结构图

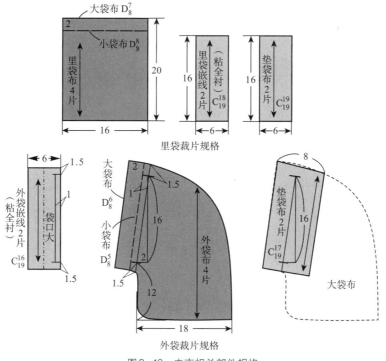

图3-49　夹克相关部件规格

三、纸样确认与调整

（一）领片纸样调整

为了使领部造型合体，夹克的领片需要进行分领座处理，领片纸样调整的方法如图3-50所示。

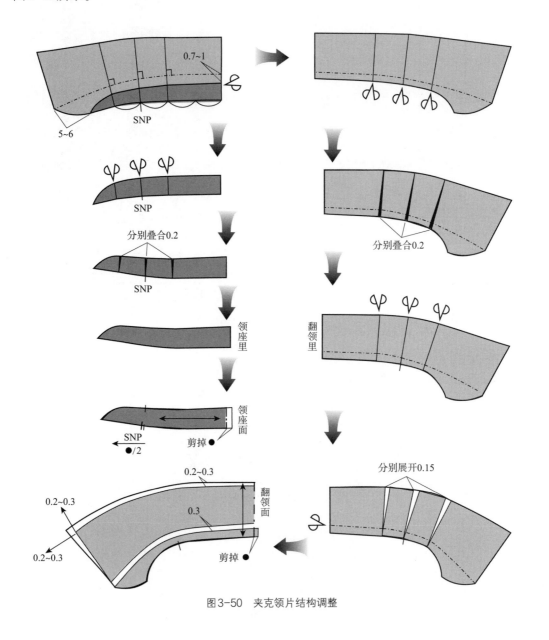

图3-50 夹克领片结构调整

（二）里片纸样调整

里片纸样需要以面料净样为基础，根据款式和工艺需求进行适当调整。夹克里片净样的确定方法如图3-51所示。

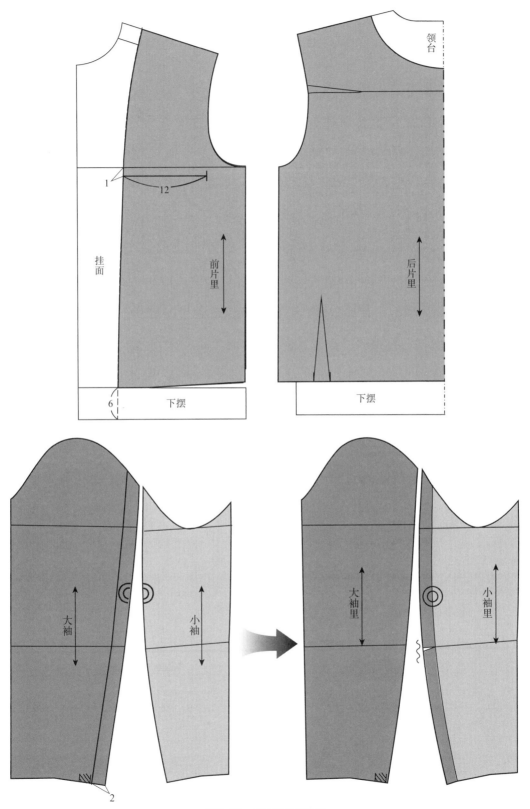

图3-51 夹克里片的净样

四、放缝与排料

净样放缝得到毛样板后才能进行排料，夹克全套样板明细见表3-4。

表3-4 夹克样板明细表

项目	序号	名称	裁片数	标记内容
面料样板（C）	1	前衣片	2	纱向、袋位
	2	后衣片	1	纱向、省位、后中
	3	育克	1	纱向、后中
	4	前片下摆条	2	纱向
	5	后片下摆条	1	纱向、后中
	6	里层下摆条	1	纱向、后中
	7	挂面	2	纱向、里袋位
	8	翻领领面	1	纱向、颈侧点、领后中点
	9	领座面	1	纱向、颈侧点、领后中点
	10	翻领领里	1	纱向、颈侧点、领后中点
	11	领座里	1	纱向、颈侧点、领后中点
	12	大袖片	2	纱向、袖口褶裥位
	13	小袖片	2	纱向
	14	袖克夫	4	纱向
	15	领台	1	纱向、后中
	16	外袋嵌线	2	纱向
	17	外袋垫袋布	2	纱向
	18	里袋嵌线	2	纱向
	19	里袋垫袋布	2	纱向
里料样板（D）	1	前衣片	2	纱向、里袋位
	2	后衣片	2	纱向、肩省位、腰省位、后中
	3	大袖片	2	纱向、褶裥位、开衩位
	4	小袖片	2	纱向、褶裥位、开衩位
	5	外袋布小	2	纱向
	6	外袋布大	2	纱向
	7	里袋布大	2	纱向
	8	里袋布小	2	纱向

续表

项目	序号	名称	裁片数	标记内容
机织布黏合衬样板（E）	1	前衣片衬	2	纱向
	2	翻领里衬	1	
	3	领座里衬	1	
非织造黏合衬样板（F）	1	前下摆条衬	2	纱向
	2	后下摆条衬	1	
	3	里层下摆条衬	1	
	4	挂面衬	2	
	5	翻领面衬	1	
	6	领座面衬	1	
	7	里袋袋口衬	2	
	8	里袋嵌线衬	2	
	9	外袋嵌线衬	2	
	10	袖克夫衬	4	

（一）面料放缝与排料

面料放缝如图3-52所示，图中未标明的部位放缝量均为1.2cm，面料样板编号代码为C。面料排料如图3-53所示，在排料图双层区域中只排了领座面的样板，领座里用其下层即可。

（二）里料放缝与排料

里料放缝如图3-54所示，图中未标明的部位放缝量均为1.5cm，里料样板编号代码为D。里料排料如图3-55所示。

（三）衬料样板与排料

衬料样板如图3-56所示，其中机织黏合衬样板编号代码为E，非织造黏合衬样板编号代码为F。机织黏合衬排料如图3-57所示，非织造黏合衬排料如图3-58所示。

五、缝制工艺

（一）缝制工艺流程图

夹克缝制工艺流程如图3-59所示。

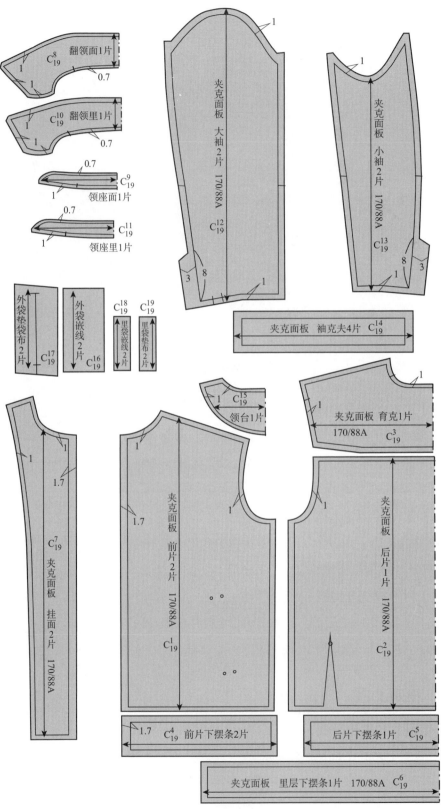

图3-52 面料放缝图

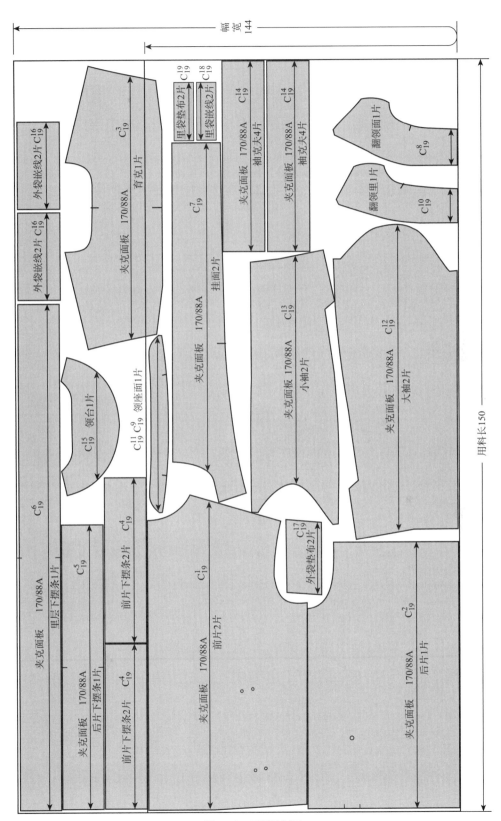

图3-53 面料排料图

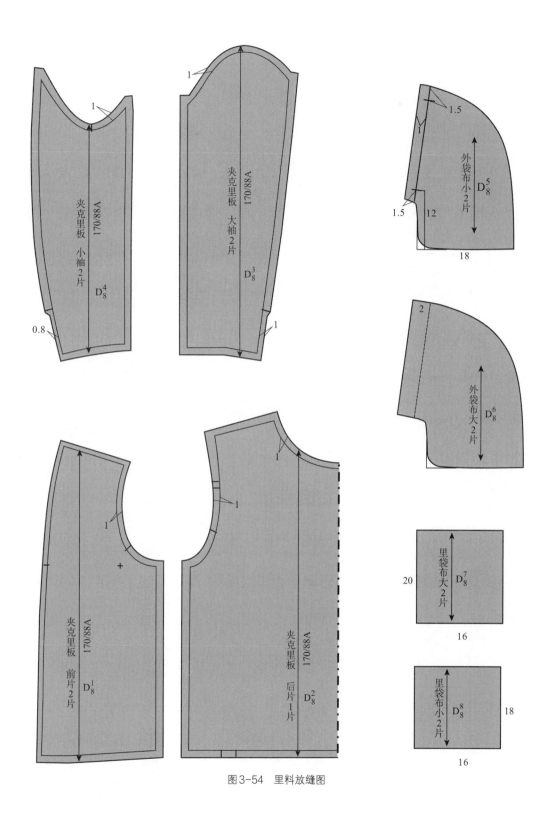

图3-54 里料放缝图

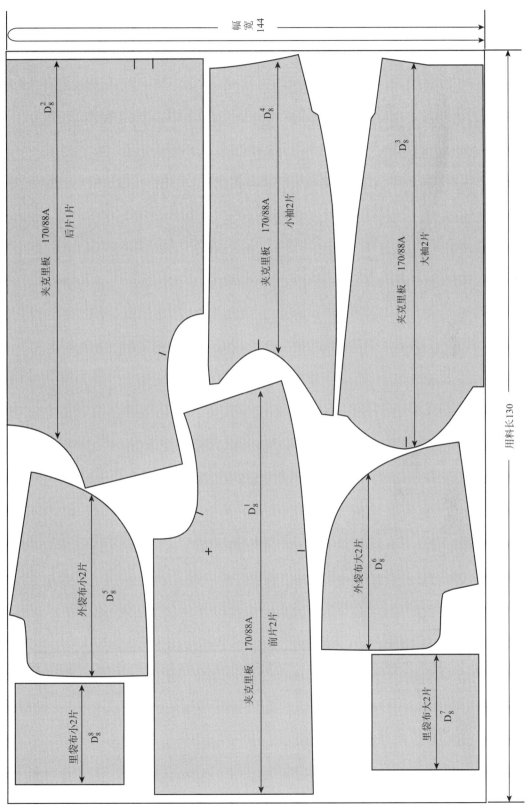

图3-55 里料排料图

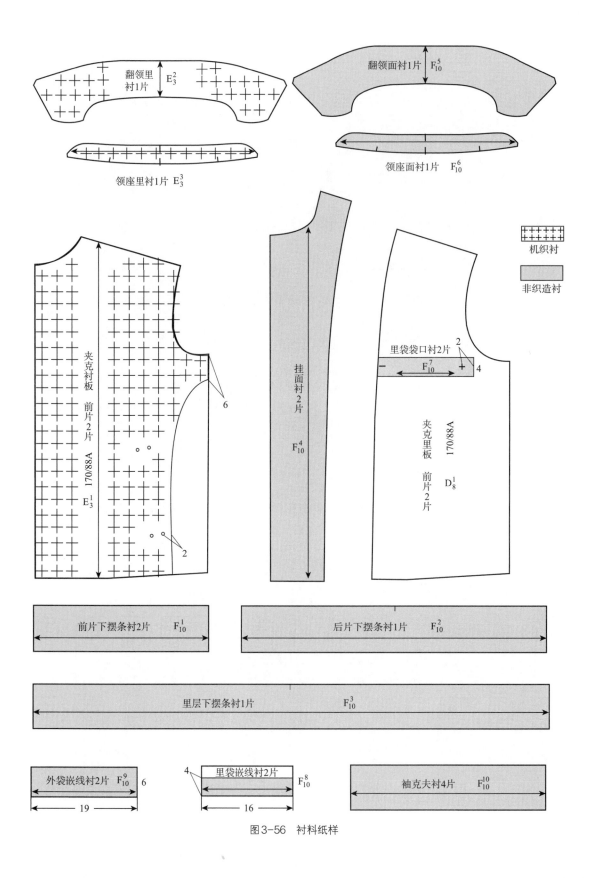

图3-56 衬料纸样

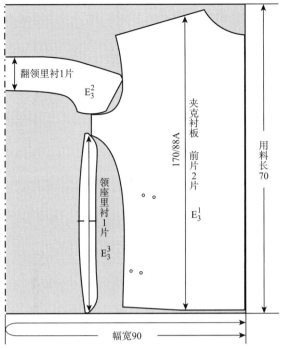

图 3-57 机织黏合衬排料图

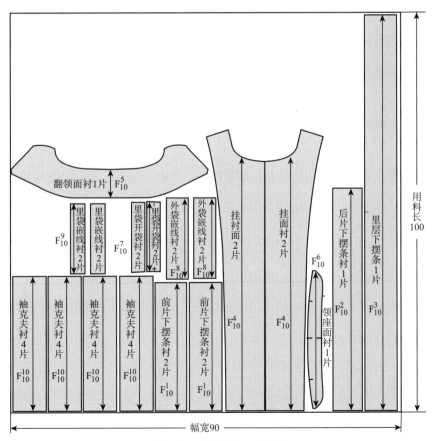

图 3-58 非织造黏合衬排料图

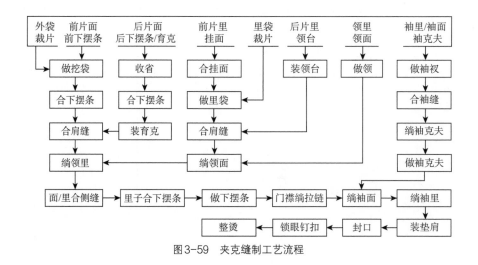

图3-59 夹克缝制工艺流程

（二）缝制准备

1.检查裁片

（1）检查数量：对照排料图，清点裁片是否齐全。

（2）检查质量：认真检查每个裁片的用料方向、正反形状是否正确。

（3）核对裁片：复核定位、对位标记，检查对应部位是否符合要求。

2.做标记及粘衬

在裁片反面做出省位、袋位等标记；需要粘非织造衬的部位有：领里、领面粘全衬，挂面粘全衬，下摆条里层粘全衬，袖克夫里粘全衬，开袋位置反面粘衬，嵌线与袋板粘衬。

（三）缝制说明

1.做前身面

（1）做挖袋：具体工艺及要求参见本章第一节中的"嵌线式挖袋"缝制工艺。

（2）合下摆条：反面钩缝前片与下摆条，起止针处倒回针，缝份倒向下摆条一侧。

2.做后身面

（1）收省：先从反面缝合省道，省缝倒向后中线方向，然后正面沿省口缉线，间距0.1cm。

（2）合下摆条：对齐后中对位点，反面合缝后片与下摆条，起止针处倒回针，缝份倒向下摆条一侧。

（3）装育克：对齐后中对位点，反面合缝后片与育克；翻至正面，缝份倒向育克，沿缝口缉线，间距0.6cm。

（4）合肩缝：前片与育克正面相对合缝，缝份倒向育克，正面缉止口0.6cm。注意缝合时不能拉伸肩缝。

3.做衣身里

做衣身里的具体工艺步骤如图3-60所示。

①做里袋：里袋制作工艺及要求参见本章第一节中的"嵌线式挖袋"制作工艺。注意右侧里袋的袋布靠近袖窿的一侧下半段不能缝合，绱右侧袖里时需要由此掏出。

②后身叠裥：后身下口左右两侧对称叠裥，并在下口缝份以内绷缝固定。

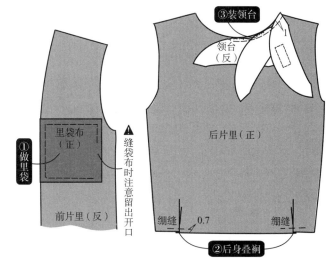

图3-60　做衣身里

③装领台：先将领口贴边沿净线做缩扣烫，然后将其与后片里正面相对合缝。缝合时注意铺平里片，边缝边调整贴边的位置，使之始终与里片比齐，缝至圆头区域时不能将扣缩的缝份拉开，如图中所示。为保证缝合质量，可以多做几组对位记号。

④合侧缝：缝合前、后片里子侧缝，缝份1.2cm，缝份沿净线倒向后片压烫，0.3cm留作眼皮。

⑤合下摆条：衣身里与里层下摆条正面相对合缝，起止针处倒回针，缝份倒向里片。

⑥合挂面：挂面与前片里正面相对合缝，里子在下层，注意对齐里袋对位点。

⑦合肩缝：前、后片肩缝正面相对合缝，注意比齐领台与挂面对合点。

4.做领

这款夹克采用分领座的翻领，其缝制工艺步骤如图3-61所示。

①拼接领片：领面的翻领与领座正面相对合缝，缝份0.7cm；翻至正面做劈压缝，缉线距离缝口0.1cm；领里的翻领与领座做同样接缝。

②钩缝领止口：将领子的领里和领面正面相对钩缝止口，注意起针、止针时留出装领线缝份不缝，领角区域吃缝领面0.2～0.3cm，并做出窝势。

③烫止口：反面扣折领里止口缝份并压烫，翻正领子，领里朝上压烫止口，领面倒吐0.1～0.2cm。熨烫时，用熨斗侧边压烫止口。烫领角时，需要左手扶起领子，右手用熨斗尖部压领角，一边压烫一边向领角方向退出，以保持领角窝势。

④固定后中：翻开领下口，手针绷缝或机器缝合固定后中区域分割线处两层领座的缝份。

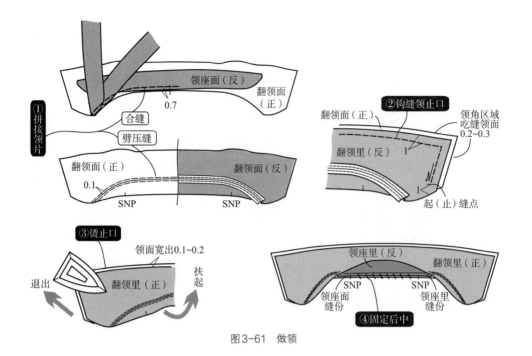

图3-61 做领

5.绱领

（1）扣烫门襟止口：将衣片与挂面的门襟止口沿净线扣烫，为保证止口顺直，可以借助条形纸板扣烫。

（2）绱领面：领面与里层领口正面相对合缝，注意两端与扣烫好的挂面止口比齐，中间对合颈侧点及后中记号。

（3）绱领里：绱领里的方法和要求与领面相同。

（4）分烫缝份：分别将绱领里和绱领面的缝份分烫，注意颈侧区域领口缝份需要打剪口。

6.做下摆

做下摆的具体工艺步骤如图3-62所示。

①钩缝下摆：将前、后衣片正面相对缝合侧缝并分烫缝份后，将两层下摆条正面相

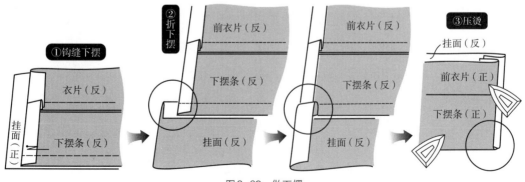

图3-62 做下摆

对钩缝下口，注意两端留出挂面止口处的缝份不缝。

②折下摆：将挂面沿下口缝线向下翻折，再将止口处缝份向内折叠，盖没下摆条下口缝份。

③压烫：压烫下摆条和门襟止口。

7.绱拉链

绱拉链工艺参见本章第一节中的"齐牙盖没式拉链门襟"缝制工艺。绱拉链完成后在下摆条的上下折边处缉明线，线迹距离折边0.6cm。

8.做袖衩

做袖衩的具体工艺步骤如图3-63所示。

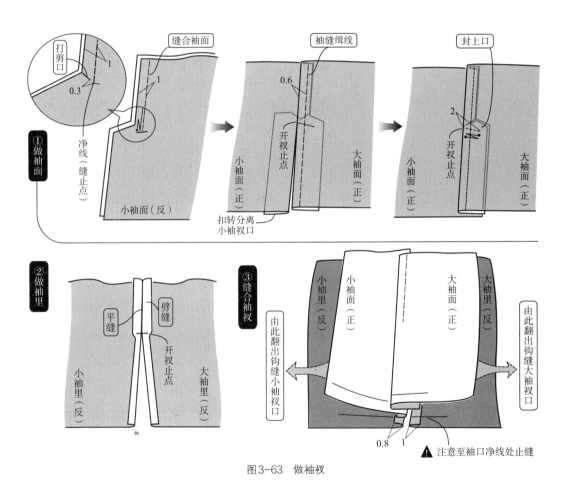

图3-63 做袖衩

①做袖面：缝合大、小袖面的后袖缝至开衩止点，起止针重合回针；在小袖后袖缝的开衩转角处打剪口，将开衩部分折向小袖反面；后袖缝的缝份倒向大袖，距离缝口0.6cm处缉明线至袖口；将小袖开衩部分平铺在大袖衩下层，理顺开衩，在开衩止点处封上口。

②做袖里：袖里的大、小袖片正面相对，缝合后袖缝至开衩止点，起止针重合回针，缝份劈开。

③缝合袖衩：做好的袖面与袖里反面相对，分别从两侧翻出，钩缝大袖与小袖的开衩部分，小袖衩口缝合0.8cm，注意缝至袖口的净线处回针，留出袖口缝份分别接缝袖克夫；压烫衩口折边，注意小袖衩口处的袖面要反吐0.2cm。

④缝合前袖缝：袖面及袖里分别缝合前袖缝，袖面缝份分烫，袖里缝份倒向大袖。

9.绱袖克夫

绱袖克夫的具体工艺步骤如图3-64所示。

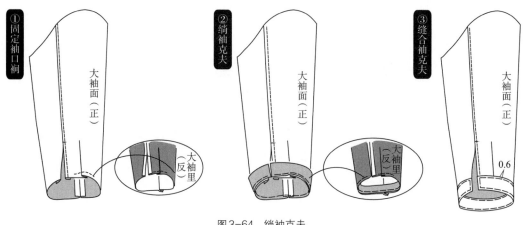

图3-64　绱袖克夫

①固定袖口裥：按照记号分别折叠并叠合、固定袖面及袖里的袖口裥，注意里与面裥的倒向要相反，避免厚度集中。

②绱袖克夫：袖克夫的面、里分别与袖面、袖里缝合；袖面的缝份倒向袖克夫，袖里的缝份倒向袖身。

③缝合袖克夫：从袖山处翻出袖口，袖克夫面、里正面相对钩缝，缝份0.9cm；袖克夫翻至正面，压烫止口，注意不能有坐势；袖克夫四周缉明线，线迹与折边的距离根据款式确定。

缝制完成的袖克夫区域要求衩口平服，封口牢固，袖克夫平整，缉线美观。

10.绱袖

（1）绱袖面：袖面与衣身袖窿正面相对，比齐对位点并缝合；缝份倒向袖片，在袖山头区域缉0.6cm明线。

（2）绱左袖里：从右侧袖窿掏出左袖里，将其与袖窿正面相对，比齐对位点并缝合；

将左侧垫肩机缝固定在衣里肩部；局部固定肩头处的里与面缝份。

（3）绱右袖里：从右侧里袋所留的出口处掏出右袖里，按照与左袖相同的方法绱袖、固定垫肩、固定肩头缝份。

11. 封口

从里袋袋口掏出袋布，在开口区域缉明线或者手缝封口。

12. 锁眼、钉扣

（1）锁眼：按照记号在袖克夫上锁2cm的平头扣眼。

（2）钉扣：袖克夫横向并列钉两粒纽扣，纽扣间距3cm，里袋袋口中点各钉一粒纽扣；不需要线柱，四上四下直接缝钉牢固即可。

13. 整烫

铺平衣身，熨烫平整，注意里层不能烫出折痕。熨烫时，先烫一侧门襟，然后烫后片，转至另一侧前身，再烫袖身，最后垫上布馒头熨烫肩部及领部。

六、思考与实训

设计并制作一款夹克，撰写相应的设计说明书，主要内容包括：作品名称、款式图、款式说明、用料说明（面料和辅料）、结构图和毛样板图（1:5）、工艺流程图、缝制工艺方法及要求等。夹克的规格尺寸自定，工艺要求及评分标准见表3-5。

表3-5 夹克工艺要求及评分标准

项目		工艺要求	分值
规格		允许误差：胸围=±2cm；衣长=±1cm；肩宽=±0.8cm；袖长=±0.5cm；袖口=±0.5cm	12
领	领子	平服，止口不反吐，明线整齐	8
	领尖	左右一致，误差不超过0.3cm	4
	绱领	绱领端正，领窝圆顺	3
袖	袖山	袖窿圆顺，袖山吃势均匀，前后一致	4
	袖底缝	顺直，平服	2
	袖克夫	袖衩平服，袖克夫平齐	6
	对称	袖子长短一致，对称部位无偏差	2
口袋	外袋	袋板整齐、对称，明线整齐，封结牢固	10
	里袋	嵌线宽窄一致，封结牢固，袋口不松懈	6

项目		工艺要求	分值
门襟	拉链	拉链直挺、开合顺畅，门襟止口平挺、长短一致，下摆下端平挺	10
衣身	肩缝	顺直、平服，左右长短一致	2
	侧缝	顺直、平服，左右长短一致	2
下摆条		宽度一致，止口均匀	6
里子		各部位面与里相符，袖窿里有绷缝固定线	3
		挂面与里子拼缝整齐，肩缝、侧缝平服	3
线迹		明暗线迹整齐、顺直、美观，无跳线、断线	5
钉扣		位置准确、牢固	2
整烫效果		平挺整洁、无光，里和面松紧适宜	10

实践训练与技术理论

课题名称： 西服工艺

课题时间： 64课时

课题内容： 西服部件、部位工艺的设计与制作（16课时）

女西服缝制工艺（16课时）

男西服缝制工艺（32课时）

教学目的： 通过对女西服和男西服缝制工艺的学习，使学生系统地掌握带里料服装的精做工艺、质量要求，提高学生的制板能力、工艺制作能力。通过训练使学生更深入地理解结构与工艺理论，为相关专业课程的学习奠定扎实的基础。同时继续培养学生精益求精的职业素养、追求卓越的工匠精神，树立精准定制、品质服务的行业价值观。

教学方式： 理论讲授、展示讲解和实践操作相结合，同时根据教材内容及学生具体情况灵活制定训练内容，依托基本理论和基本技能的教学，加强课堂与课后训练，安排必要的线下、线上辅导，强化拓展能力。

教学要求： 1.掌握男、女西服常用口袋的缝制工艺。

2.了解西服面料常识及相关辅料知识。

3.掌握西服纸样的调整及全套样板的制作方法。

4.掌握西服的排料方法及缝制流程。

5.掌握西服绱领和绱袖的方法及工艺要求。

6.了解西服相关的新工艺、新技术、新设备。

第四章　西服工艺

广义的西服泛指西式上衣，普通意义上的西服是指比较合体的外套，通常挂有里子。款式多采用驳领，前中开门襟，圆装合体袖，是最常穿用的服装品种之一。西服缝制工艺过程复杂、要求高，本章以男、女西服为例加以说明。

第一节　西服部件、部位工艺的设计与制作

课前准备

一、材料准备

1.白坯布：部件练习用布，幅宽160cm，长度100cm。

2.非织造衬：幅宽90cm，用量约为50cm。

3.缝线：准备与面料颜色及材质相匹配的缝线。

二、工具准备

备齐制图常用工具与制作常用工具，调试好平缝机。

三、知识准备

复习本书第二章中的"单嵌线挖袋""双嵌线挖袋"部分。

西服的部件与部位工艺主要包括口袋与开衩的制作工艺。

一、口袋工艺

西服的口袋以实用性为主，细节上也可以进行装饰性设计，分为插袋、贴袋和挖袋，各类口袋的设计见表4-1。

表4-1　西服口袋的设计

类别		设计说明	设计实例	工艺分析
插袋	合缝式	合缝式插袋是在衣片间的接缝处留出袋口，隐蔽性强，还可以在袋口处夹入装饰		裁片时，侧（上）衣片在袋口处连裁加出垫袋布，制作时先接缝衣片袋口以外的部分，再将两片袋布分别接缝在袋口处（做净袋口），然后缝袋布，不需要处理袋布毛边

类别		设计说明	设计实例	工艺分析
插袋	嵌线式	嵌线式插袋位于衣片间的接缝处，袋口处装嵌线，嵌线的形状、宽度、层次等都可以设计，多用于女装外袋		在衣片袋口处完成单嵌线挖袋，再将两片衣片缝合，也称为半挖袋工艺，比普通挖袋的工艺简便
贴袋	明缝贴袋	贴袋的形状及大小可根据款式而设计，外观可以看到钉袋线迹，通常会与服装其他部位的明线一致，体现休闲的风格		袋口贴边连裁，向内（外）折边缝；其他部位的毛边不处理，压缉缝钉袋，根据款式要求确定钉袋线迹的位置和数量
	暗缝贴袋	贴袋的形状及大小可根据款式而设计，外观看不到明显的钉袋线迹，风格休闲又具有男装的精致感。这类贴袋配有里料，实用性好	可翻出的袋里	袋口贴边连裁，与里布做净其余三边，星点缝或者用绷缝机沿边暗缝钉袋。如果有可以翻出的内袋，则内袋的表层袋口与贴袋的袋口贴边连接，内袋的内层袋口压缉缝在衣片上
挖袋	有袋盖挖袋	在双嵌线挖袋的袋口处插入袋盖，袋盖的形状、大小可根据款式而设计。一般袋盖覆盖整个袋口，如西服的大袋；也有的袋盖小于袋口，如男西服的里袋。女西服的外袋袋盖还可以有装饰性设计		先制作袋盖，袋盖插入袋口的一边需要留出半个缝份，不需要处理毛边，外露的三边采用双层钩缝工艺做净；再完成双嵌线袋口工艺，然后将做好的袋盖插入袋口并固定；缝袋布工艺与其他挖袋相同，袋布的毛边不需要处理
	贴板式挖袋	袋口处有贴在衣身表面的袋板，袋板的形状、宽度、层次可以设计，板袋多用于西服的胸袋		作为胸袋，这种板袋的工艺精度要求较高。袋板的表层和衣片接缝后劈缝，并在缝内灌缝固定袋板的内层；剪开的袋口三角要夹入两层袋板之间，袋板两端缉明线或者暗缝固定

（一）插袋工艺

插袋是指在衣片间的接缝处留出袋口的口袋，合缝式插袋隐蔽性好，多用于里袋。插袋作为外袋时可以在袋口处进行功能性和装饰性设计。

1.合缝式插袋

女西服内袋为合缝式插袋，一般做在门襟一侧的挂面与里片的接缝处，款式如图4-1所示。其上袋口距肩缝约24cm，袋口大为13cm，所需局部裁片如图4-2所示。

制作时，可以先将两片袋布分别装在袋口处之后再缝袋底，具体制作工艺步骤如

图4-3所示；也可以先将两片袋布做成口袋之后再分别装在袋口处。

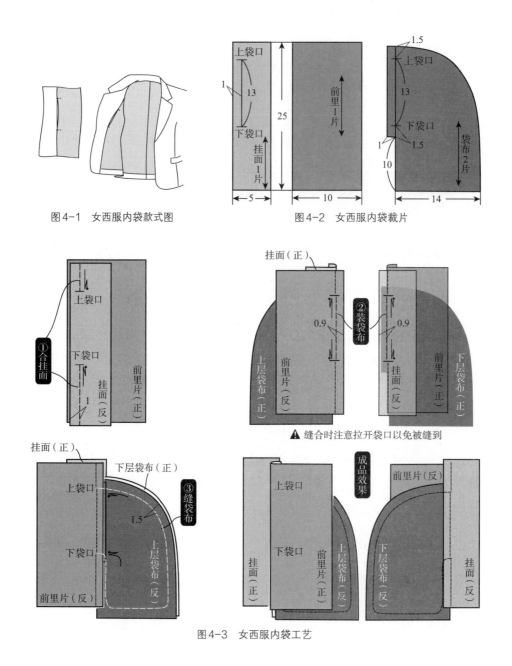

图4-1 女西服内袋款式图　　　图4-2 女西服内袋裁片

图4-3 女西服内袋工艺

①合挂面：挂面与前里片正面相对，缝合袋口以外的区域，缝份1cm，上、下袋口处重合回针。

②装袋布：在袋口处将上层袋布与前里片的缝份正面相对，缝合袋口区域，缝份0.9cm，两端要重合回针。以同样方法将下层袋布与挂面缝合，缝合时注意分开袋口，避免袋口的两侧互相被缝到。

③缝袋布：挂面与前里片的缝份倒向前里片，在正面压烫平整；由正面掀开前里片，整理两片袋布并沿袋底缝合，缝份1.5cm，袋口两端重合回针。

2.单嵌线插袋

单嵌线插袋做在分割线处，袋口另装嵌线，既有利于保持袋口形状，又可增强袋口的耐磨性，还具有装饰性，款式如图4-4所示。制作这种插袋的方法参见本书第三章第一节中的"插袋工艺"部分。

（二）贴袋工艺

1.带里子明缝贴袋

带里子明缝贴袋的内层有里子，表面有线迹，多用于休闲款男西服，款式如图4-5所示。制作这种贴袋所需裁片如图4-6所示，缝制前需要借助样板扣烫贴袋，并在衣片上画出袋位记号，具体制作工艺步骤如下。

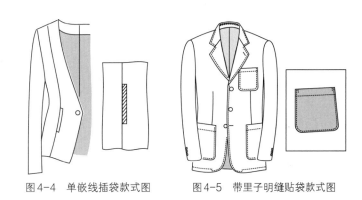

图4-4 单嵌线插袋款式图　　图4-5 带里子明缝贴袋款式图

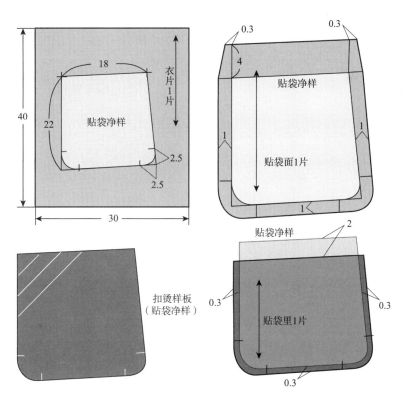

图4-6 带里子明缝贴袋裁片

（1）做贴袋（图4-7）：

①钩缝袋口：袋里与贴袋正面相对叠合，比齐上口后钩缝，注意中段留出5cm不缝。

②钩缝袋边：钩缝贴袋两侧及袋底，注意上下层的边缘比齐，袋角区域要吃缝袋面。

③整烫贴袋：翻正贴袋，手针缝合袋口处预留部分，然后整烫贴袋。

④袋口缉线：沿贴边下口缉线固定袋口。

（2）钉贴袋（图4-8）：

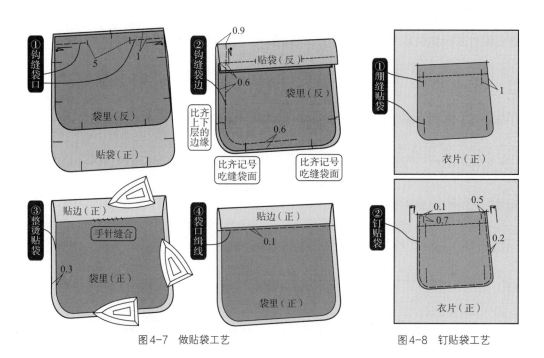

图4-7　做贴袋工艺　　　　　图4-8　钉贴袋工艺

①绷缝贴袋：比齐钉袋记号，将贴袋边缘绷缝在衣片上。

②钉贴袋：距离袋边0.2cm（根据款式要求）缉线钉袋，袋口两端封袋口，要求重合回针且两端对称。

2.内袋式暗缝贴袋

内袋式暗缝贴袋，表面无钉袋线迹，内层为里料制作的口袋，内袋可以完全翻出，便于清理袋底，多用于休闲款男西服，款式如图4-9所示。制作这种贴袋所需裁片如图4-10所示。

缝制前的准备如图4-11所示，首先在贴袋面反面的袋口处粘衬；借助扣烫样板扣烫袋面四周，注意袋底圆角区域需要缩扣烫；然后借助袋位画线样板在衣身上画出贴

图4-9　内袋式暗缝贴袋款式图

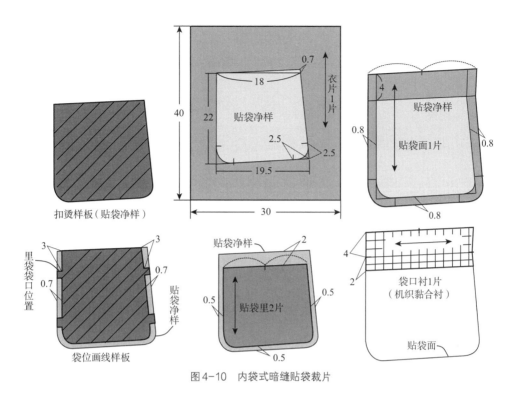

图4-10　内袋式暗缝贴袋裁片

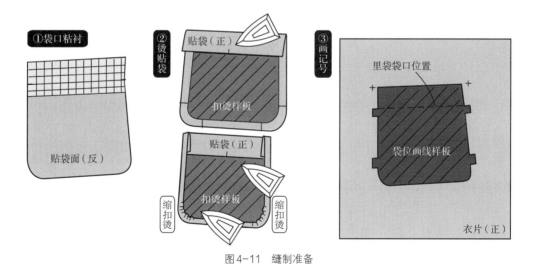

图4-11　缝制准备

袋里、贴袋面的位置记号。这种贴袋的具体制作工艺步骤如下。

（1）做贴袋（图4-12）：

①钩缝内袋：钩缝内袋的两侧及袋底，缝份1cm，注意两端留出1.2cm不缝。

②扣烫袋口：扣烫内层袋里的袋口缝份。

③接缝袋口：接缝内袋袋口未扣烫的一层与贴袋面的袋口。

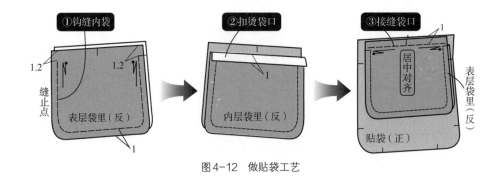

图4-12 做贴袋工艺

（2）钉贴袋（图4-13）：

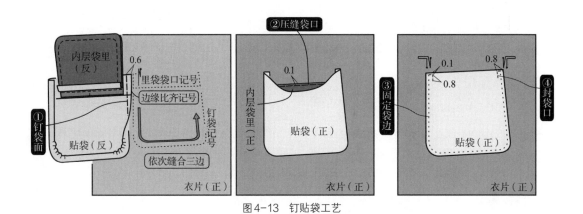

图4-13 钉贴袋工艺

①钉袋面：将贴袋面的边缘与钉袋记号比齐，依次缉缝贴袋，缝份0.6cm。

②压缝袋口：比齐记号压缝内袋的袋口，两端斜向上顺势固定袋口贴边。

③固定袋边：理顺贴袋，用珠边机缉缝（星点缝）贴袋三边，既固定了贴袋面的缝份也具有装饰性，点状线迹与贴袋折边的距离根据款式要求而定。

④封袋口：袋口两端分别重合缉线加固袋口，要求封袋口的线迹两端都有连续线迹确保牢度，两端对称。

（三）挖袋工艺

1.有袋盖挖袋

有袋盖挖袋是袋盖和双嵌线挖袋的组合，多用于西服的外大袋，款式如图4-14所示。制作这种挖袋所需裁片如图4-15所示，其制作工艺流程如图4-16所示。

图4-14 有袋盖挖袋款式图

缝制前需要进行粘衬、熨烫和画线的准备工作，如图4-17所示。先在衣片袋口处及嵌线的反面粘衬，再扣烫嵌线，之后在衣片袋口处及嵌线上画出袋口记号，在袋盖里子上画净线，要求画线清晰、准确且在制作完成后能够完全消除。

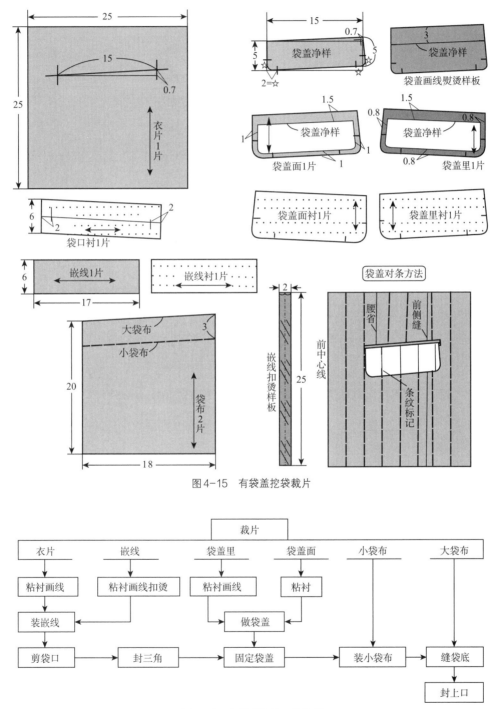

图4-15　有袋盖挖袋裁片

图4-16　有袋盖挖袋工艺流程

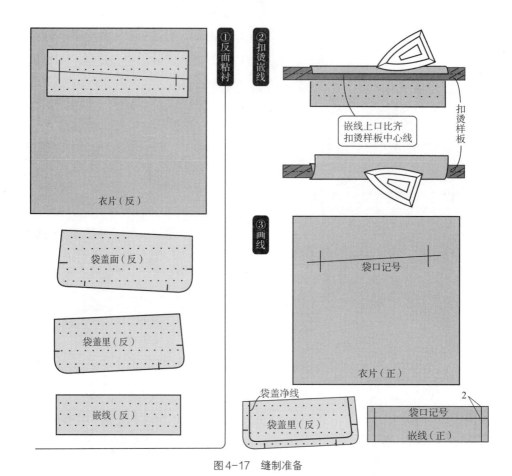

图4-17　缝制准备

制作有袋盖挖袋时先做袋盖，再做双嵌线挖袋，具体制作方法如下。

（1）做袋盖（图4-18）：

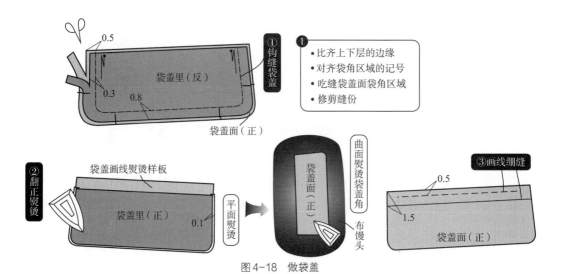

图4-18　做袋盖

①钩缝袋盖：袋盖里片在上层，与袋盖面正面相对、边缘比齐，沿净线缝合，两端重合回针，注意圆角区域对准记号吃缝袋盖面；确认袋角圆顺、对称后，修剪里片缝份至0.3cm，修剪面片缝份至0.5cm。

②翻正熨烫：将袋盖翻至正面，画线熨烫样板插入袋盖内，袋盖里朝上平面压烫止口，可以看到各边止口处袋盖面都略有宽出；袋盖面朝上，将袋盖放在布馒头上，袋角置于曲面过渡区压烫，使袋角保持自然窝势，注意缝口处不能留坐势。

③画线绷缝：在袋盖面的正面，距离袋盖上口1.5cm处画净线备用；为防止装袋盖时两层错位，建议在距离上口0.5cm处绷缝固定。

（2）装嵌线（图4-19）：

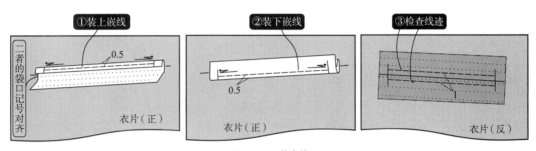

图4-19 装嵌线

①装上嵌线：嵌线与衣片正面相对，比齐袋口记号，距离上折边0.5cm缉缝嵌线，袋口两端重合回针。

②装下嵌线：距离下折边0.5cm缉缝嵌线，袋口两端重合回针。

③检查线迹：于反面检查线迹情况，要求两线平行，间距1cm，两端平齐，回针牢固。

（3）剪袋口（图4-20）：

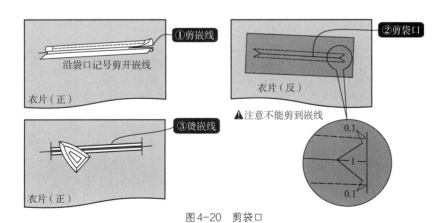

图4-20 剪袋口

①剪嵌线：沿嵌线上的袋口记号剪开，使上下嵌线完全分离。

②剪袋口：从衣片反面剪袋口，中间区域剪"一"字形，两端剪"V"字形，要求袋角处剪至距离最后一个针眼1～2根布丝。注意不能剪到嵌线。

③烫嵌线：从剪开的袋口将嵌线翻至反面，压烫平服，要求缝口不留坐势。

（4）封三角：从正面掀开袋口两侧的衣片，露出两端三角；确认三角完全折进后，沿三角底边重合回针2～3次，如图4-21所示。

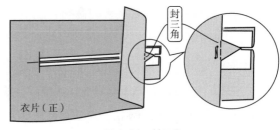

图4-21　封三角

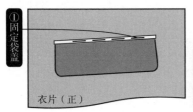
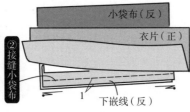

图4-22　缝袋布

（5）缝袋布（图4-22）：

①固定袋盖：将袋盖插入袋口，上口画线比齐袋口；在上嵌线缉线绷缝固定袋盖。

②接缝小袋布：小袋布与下嵌线下口正面相对缝合，缝份1cm，两端回针。

③缝袋底：大、小袋布下端比齐，缝合两侧及袋底，两端回针。

（6）封上口：从正面掀开袋口以上的衣片，沿装上嵌线的缝线缉线，起针、收针分

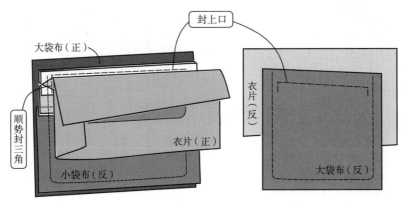

图4-23　封上口

别顺势封两端袋口，如图4-23所示。

2.贴板式挖袋

西服的胸袋为贴板式挖袋，主要用于装手巾（装饰用），所以也称为手巾袋，款式如图4-24所示。制作这种挖袋所需裁片如图4-25所示，注意手巾袋只做在左胸部，图中均为裁片的正面，必须严格按照图示裁剪，其工艺流程如图4-26所示。

图4-24 手巾袋款式图

缝制前，需要在衣身及袋板的反面粘非织造黏合衬，垫袋布的下口扣烫1cm缝份（或者用包缝机锁边处理毛边），在衣身正面画出袋口记号，要求画线清晰、准确且在制作完成后能够完全消除。手巾袋的制作工艺如下。

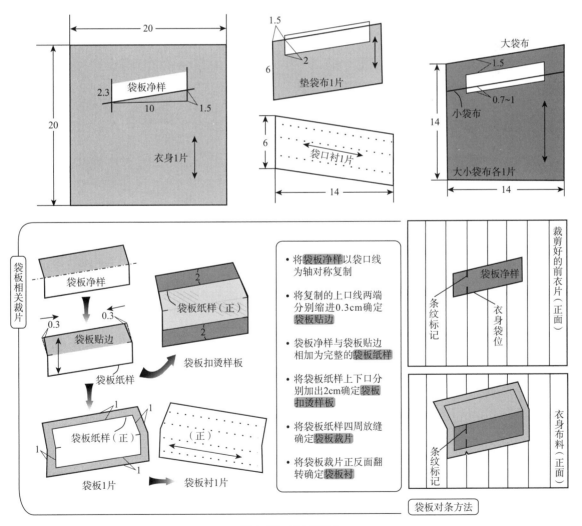

图4-25 手巾袋裁片

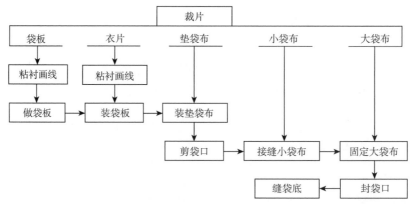

图4-26　手巾袋工艺流程

（1）做袋板（图4-27）：

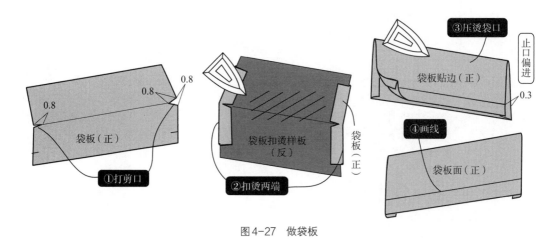

图4-27　做袋板

①打剪口：在袋板的袋口两端缝份打剪口，剪口深度0.8cm；左袋口处缝份剪出0.8cm的豁口。

②扣烫两端：借助扣烫样板，扣净袋板两端的缝份。

③压烫袋口：对折袋板压烫袋口，可以看到袋板贴边两端比袋板面略缩进0.3cm。

④画线：熨烫定型后，比照袋板扣烫样板的记号，在袋板面的正面下口处画出净线。

（2）做袋口（图4-28）：

①装袋板：掀开袋板贴边，袋板面与衣身正面相对比齐袋口记号，沿净线缝合，注意两端重合回针。

②装垫袋布：垫袋布与衣身正面相对，下口插入袋板与衣身之间至缝线处，在垫袋布上画出袋口两端的记号；沿袋板边缘绱缝垫袋布，注意两端比袋位分别偏进0.3cm并重合回针。

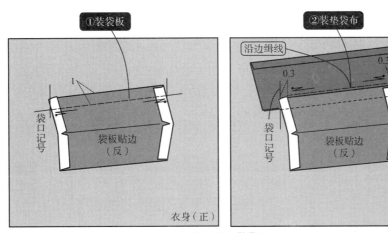

图4-28　做袋口

（3）剪袋口（图4-29）：

①剪袋口：从衣身反面剪袋口，中间区域剪"一"字形，两端剪"V"字形，要求四个角剪至距离最后一个针眼0.1cm处。注意不能剪到袋板和垫袋布。

②修剪缝份：从剪开的袋口处将袋板翻至衣身反面，修剪袋口两端重叠的缝份部分，并在下口沿袋板两端缝份的边缘处打剪口。

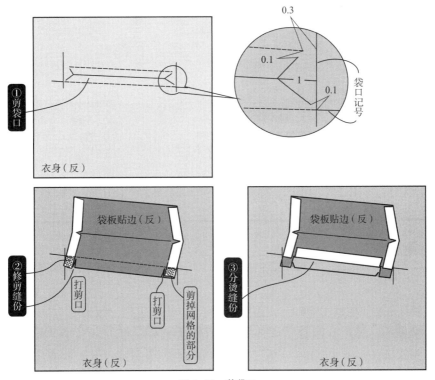

图4-29　剪袋口

③分烫缝份：分烫袋板下口与衣身的缝份。

（4）装小袋布（图4-30）：

①接缝小袋布：掀开袋口以下的衣片，将小袋布与袋板贴边的下口正面相对缝合，缝份1cm，两端重合回针。

②固定袋板：铺平衣片，从正面整理袋板，理顺小袋布；沿袋板下口的缝口灌缝，固定袋板贴边及小袋布。

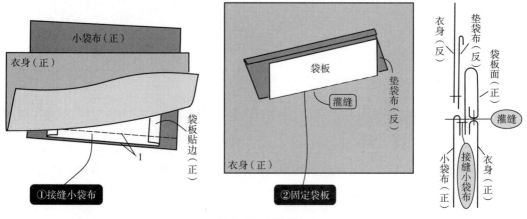

图4-30 装小袋布

（5）装大袋布（图4-31）：

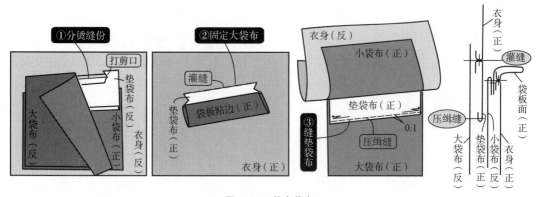

图4-31 装大袋布

①分烫缝份：从剪开的袋口处将垫袋布翻至衣片的反面，并在上口缝份处打剪口，分别剪至距离最后一个针眼0.1cm处，然后分烫垫袋布上口与衣身的缝份。

②固定大袋布：在衣片反面将大袋布平铺于小袋布上（两层袋布正面相对），上口与

垫袋布的上口平齐；整体翻转至正面，沿装垫袋布的缝口灌缝，固定大袋布上口。

③缝垫袋布：将垫袋布下口压缉缝固定在大袋布上，缝线距离折边0.1cm。

（6）封袋口：在衣片反面理顺袋布、正面整理袋板，并正面固定袋板两端，可以平缝机压缝，也可以撬边机绷缝、手针缲缝或珠边机星点缝，如图4-32所示。

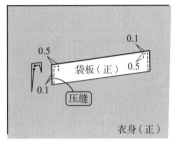
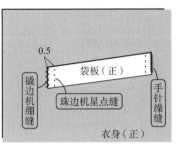

图4-32　封袋口

（7）缝袋布：从正面掀开衣身，缝合大、小袋布的两侧及袋底，缝份1cm，如图4-33所示。

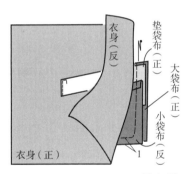
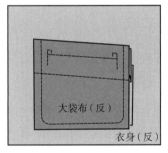

图4-33　缝袋布

3.三角袋盖挖袋

三角袋盖挖袋是三角状袋盖与双嵌线挖袋的组合，主要用于男西服里袋，款式如图4-34所示。制作这种挖袋所需裁片如图4-35所示，其缝制工艺分为制作袋盖和双嵌线挖袋两部分，三角袋盖的制作方法如图4-36所示，双嵌线挖袋工艺参见本节前文"有袋盖挖袋"部分。

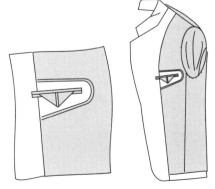

图4-34　三角袋盖挖袋款式图

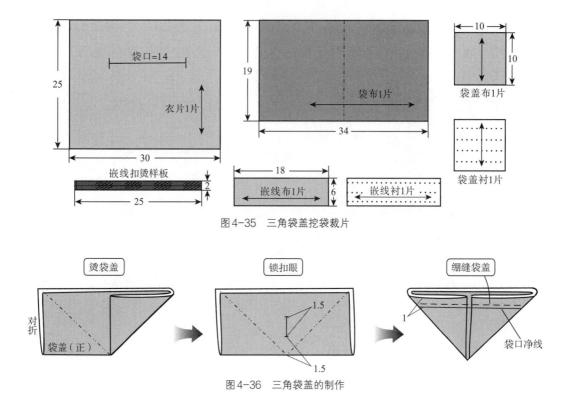

图4-35 三角袋盖挖袋裁片

图4-36 三角袋盖的制作

二、开衩工艺

开衩是衣服边缘特意留出的开口，便于穿脱和活动，在西服中有袖口开衩和衣身开衩，具体设计见表4-2。

西服的开衩都采用全挂里工艺，一方面是确保开衩根部的牢度，另一方面是做净开衩边缘。需要根据开衩打开的程度进行工艺设计，下面具体说明各类开衩的制作工艺。

表4-2 开衩设计

类别		设计说明	设计实例	工艺分析
袖衩	封闭式	封闭式袖衩可以沿大袖开衩折边掀开，并锁眼钉扣装饰；在袖口处有一定的重叠但不能分开，主要用于女西服		大小袖在开衩区连裁贴边，缝合袖缝时沿开衩净线缝至袖口，袖口贴边整圈折向反面，上口与袖里连接

续表

类别		设计说明	设计实例	工艺分析
袖衩	局部开口式	局部开口式袖衩的上半部分可以沿大袖开衩折边掀开，并锁眼钉扣装饰；袖口处两边的衩角相互重叠，衩口能分开，主要用于男西服		大小袖在开衩区连裁贴边，缝合袖缝时沿开衩净线缝至距离袖口净线3cm处，大袖衩贴边拼角缝合，小袖衩贴边沿边做净，贴边上口与袖里连接
	完全开口式	完全开口式袖衩的两边相互重叠或者对合，整个衩口能分开，主要用于时装		大小袖在开衩区连裁贴边或者另裁贴边，缝合袖缝时沿开衩净线缝至衩上口，两边的衩口及袖口贴边分别与袖里连接
衣身开衩	后中开衩	衣身后中开衩简称背衩，男装采用左压右的方式，女装多采用右压左的方式。左右衩口重叠且能完全分开，由内层延伸重叠时开衩外观隐蔽称为暗衩，由表层延伸重叠时开衩外观明显称为明衩		左右两片在开衩区连裁贴边，缝合中缝时顺绱开衩上口，左片贴边拼角缝合，右片贴边沿边做净。两边的衩口及下摆贴边分别与衣里连接
	两侧开衩	衣身两侧开衩简称摆衩，三开身服装采用后压前的方式，四开身服装多采用前压后的方式。前后衩口重叠或者对合，能完全分开，正装中衩角为方角，常服中可以设计为方角、尖角、圆角等，前后衩角还可以不对称		工艺与后中开衩相同

（一）西服袖口开衩工艺

1.封闭式袖衩

袖口的封闭式开衩，大袖、小袖在袖口处有一定的重叠，但是不能掀开，用于女西服，款式如图4-37所示。制作这种袖衩所需裁片如图4-38所示，缝制前需要在大、小袖面的袖口处反面粘衬，袖口、开衩画净线，要求画线清晰、准确且在制作完成后能够完全消除。封闭式袖衩的制作工艺如下。

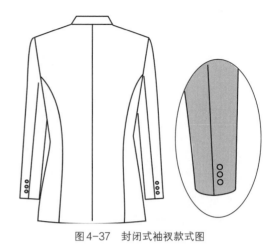

图4-37 封闭式袖衩款式图

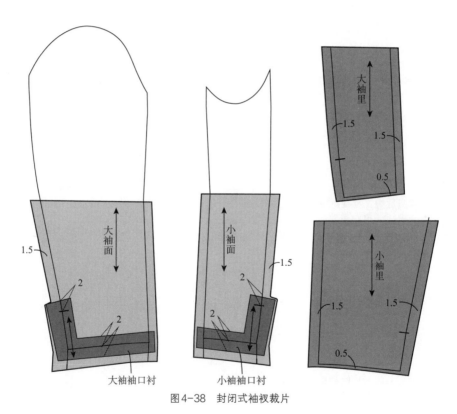

图4-38 封闭式袖衩裁片

（1）做袖面（图4-39）：

①缝合后袖缝：大、小袖正面相对缝合后袖缝，缝份1cm，起止针处重合回针，注意袖口贴边部分沿斜线缝合至后袖缝净线处。

②熨烫后袖缝：在小袖袖衩缝份的转角处打剪口，剪至距离线迹0.2cm；分区熨烫后袖缝的缝份，袖衩部分倒向大袖，开衩以上的部分劈缝。

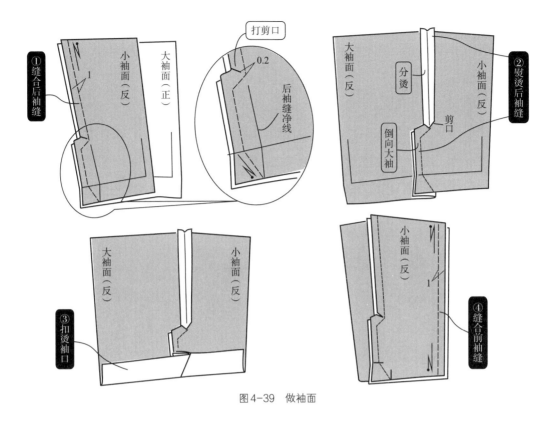

图4-39　做袖面

③扣烫袖口：沿袖口净线扣烫袖口贴边。

④缝合前袖缝：大、小袖正面相对缝合前袖缝，缝份1cm，起止针处重合回针，注意缝合时要将扣烫过的贴边翻下；分烫前袖缝缝份后将袖口贴边按照扣烫印迹折转，整体压烫袖口。

（2）做袖里（图4-40）：

①缝合袖里：大、小袖里正面相对，分别缝合前、后袖缝，缝线离开净线0.2~0.3cm，

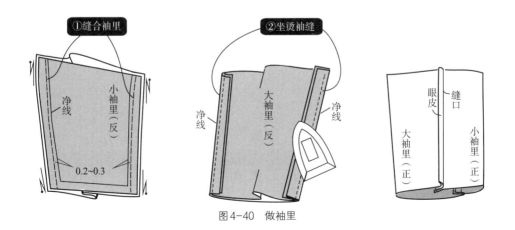

图4-40　做袖里

起止针处重合回针。

②坐烫袖缝：将前、后袖缝的缝份沿净线折叠，分别倒向大袖里熨烫，正面缝口处形成0.2～0.3cm的眼皮。

（3）做袖口（图4-41）：

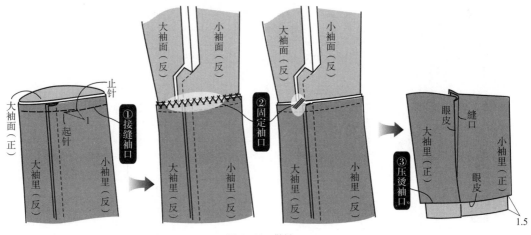

图4-41 做袖口

①接缝袖口：将袖里套在袖面外层（正面相对），里与面的前、后袖缝在袖口处分别对齐，沿袖口缝合一周，缝份1cm，起止针之间重合缝1cm。

②固定袖口：掏出袖面，按照扣烫印迹整理好袖口贴边，手缝或者机缝将袖口贴边固定在袖面上，可以缝一周全部固定，也可以只在前、后袖缝处将袖口贴边的缝份与袖缝的缝份进行局部固定。

③压烫袖口：翻正袖里，袖口处留出眼皮压烫袖里折边。

2.开口式袖衩

开口式袖衩的大袖、小袖在袖口处有一定的重叠，两部分相互独立，大袖衩的贴边拼角缝合，主要用于男西服，款式如图4-42所示。制作这种袖衩所需裁片如图4-43所示，其制作工艺流程如图4-44所示。

缝制前，需要在大、小袖面的袖口处反面粘衬，袖口、开衩画净线，要求画线清晰、准确且在制作完成后能够完全消除。开口式袖衩的制作工艺如下。

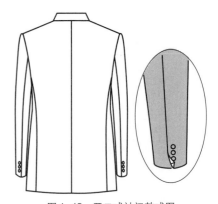

图4-42 开口式袖衩款式图

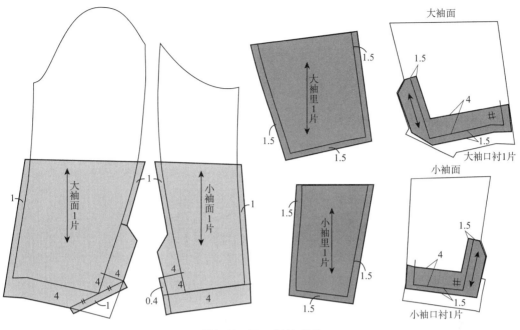

图4-43 开口式袖衩裁片

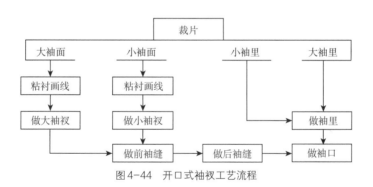

图4-44 开口式袖衩工艺流程

（1）做大袖衩（图4-45）：

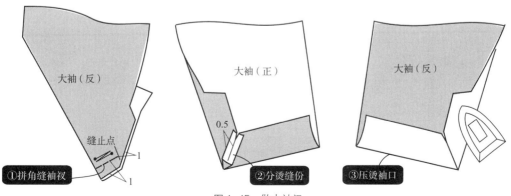

图4-45 做大袖衩

①拼角缝袖衩：大袖袖口切角处对折（正面相对），沿净线缝合，距离边缘1cm处止缝，以便与袖里接缝袖口。

②分烫缝份：拼角翻至正面，确认衩角平整且与袖衩净样吻合，修剪缝份至0.5cm后分烫。

③压烫袖口：翻正拼角，压烫袖口及开衩折边。

（2）做小袖衩（图4-46）：

①钩缝贴边：将小袖袖口的贴边沿袖口净线向正面折叠，沿净线钩缝袖衩贴边，距离边缘1cm处止缝，以便与袖里接缝袖口。

②压烫袖口：翻正并压烫袖口。

（3）做前袖缝（图4-47）：

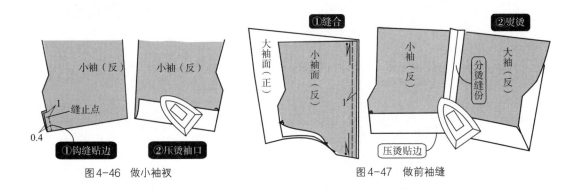

图4-46 做小袖衩　　　　图4-47 做前袖缝

①缝合：大、小袖正面相对，缝合前袖缝，缝份1cm，起止针处重合回针。

②熨烫：分烫袖缝缝份后，再沿袖口净线扣烫袖口贴边。

（4）做后袖缝（图4-48）：

①缝合：大、小袖正面相对，缝合后袖缝，开衩部分缝至贴边上口对应位置以下1cm。

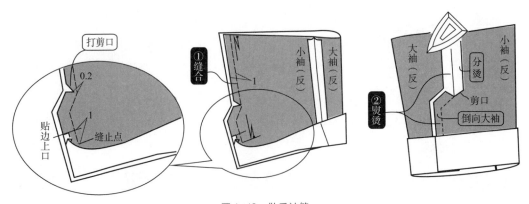

图4-48 做后袖缝

②熨烫：将小袖袖衩缝份的转角处打剪口，分烫后袖缝开衩以上的缝份，袖衩部分的缝份倒向大袖坐烫。

（5）做袖里：

①缝合袖里：大、小袖里正面相对，分别缝合前、后袖缝。

②坐烫袖缝：将缝份沿净线折叠，倒向大袖熨烫，正面缝口处形成0.2～0.3cm的眼皮。图示请参见图4-40。

（6）做袖口

①接缝袖口：将袖里套在袖面外层（正面相对），两层的前、后袖缝在袖口处分别对齐，沿袖口缝合一周，缝份1cm，起止针之间重合缝1cm。

②固定袖口：掏出袖面，按照扣烫印迹理顺袖口贴边，手缝或者机缝固定袖口贴边，可以缝合一周全部固定，也可以只在前、后袖缝处将袖口贴边的缝份与袖缝的缝份进行局部固定。

③压烫袖口：翻正袖里，袖口处留出眼皮，压烫袖里折边。图示请参见图4-41。

（二）衣身开衩工艺

这里简述衣身拼角式暗开衩的缝制工艺，其两片衣身相互重叠且可以完全分开，主要用于西服、大衣的后衣身，衩角采用拼角工艺，款式如图4-49所示。制作这种开衩所需裁片如图4-50所示，其工艺流程如图4-51所示。

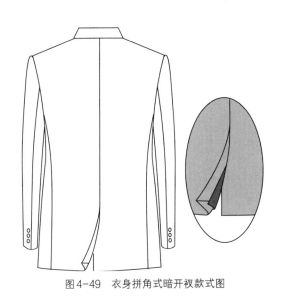

图4-49　衣身拼角式暗开衩款式图

缝制前，需要进行粘衬、熨烫和画线的准备工作，如图4-52所示。先在后衣片下摆和开衩处的反面粘衬和牵条衬，再分别在后衣片面与里的正面画出净线记号，要求画线清晰、准确且在制作完成后能够完全消除，之后沿净线扣烫后衣片的下摆及开衩贴边（缝份）。

（1）做衩角（图4-53）：

①钩缝衩角：左后衣片反面钩缝开衩底角，缝份1cm，缝至距离边缘1cm处（以便接缝里子），起止针处重合回针。

②分烫缝份：将底角翻至正面确认拼角平整、方正后，再翻至反面将缝份修剪至0.5cm，然后分烫。

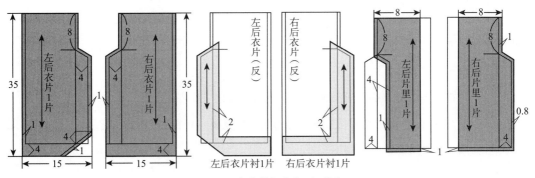

图 4-50 衣身拼角式暗开衩裁片

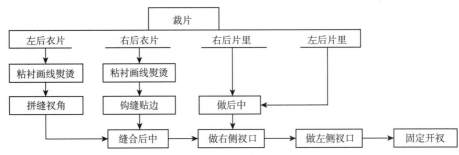

图 4-51 衣身拼角式暗开衩工艺流程

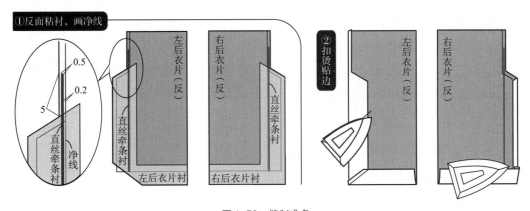

图 4-52 缝制准备

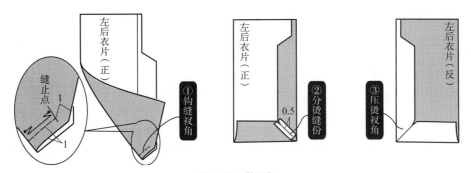

图 4-53 做衩角

③压烫衩角：翻正底角拼角，压烫下摆及开衩折边。

（2）做后中（图4-54）：

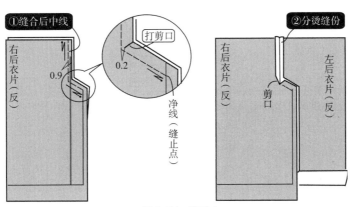

图4-54 做后中

①缝合后中线：左、右后片正面相对，沿净线缝合后中线及开衩上口至开衩的净线，起止针处重合回针。

②分烫缝份：将右后衣片开衩转角处的缝份打剪口，分烫后中缝份，开衩的部分倒向左后衣片压烫。

（3）做里子（图4-55）：

①缝合后中线：左、右后片里正面相对，沿净线缝合后中至开衩上口的净线，起止针处重合回针。

②坐烫缝份：缝份倒向左后片里熨烫。

（4）做右侧衩口（图4-56）：

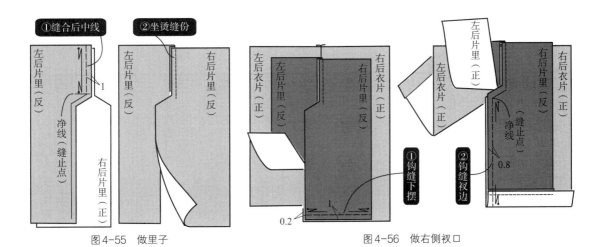

图4-55 做里子　　　　图4-56 做右侧衩口

①钩缝下摆：右后片里与面正面相对钩缝下摆，缝份1cm，起止针处重合回针。

②钩缝衩边：将下摆贴边沿净线折向衣片正面，使开衩处的衣片与里子正面相对，理顺开衩后沿里子的净线缝合，起止针处重合回针。注意上端缝至开衩上口的净线。

（5）做左侧衩口（图4-57）：

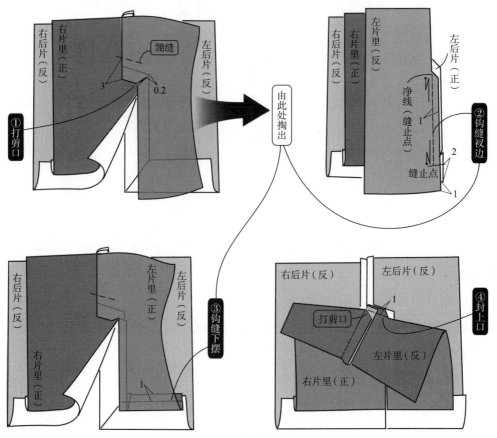

图4-57　做左侧衩口

①打剪口：将后片的里与面反面相对平铺，正面、反面理顺左右片的开衩，在开衩上口以上3cm处绷缝，临时固定里与面；在左片里的开衩止点转角处打剪口，剪至距离净线0.2cm。

②钩缝衩边：从侧面掏出面与里衩边的缝份，比齐两层的边缘，由上向下缝合至距离衣片底边2cm处，缝份1cm，起止针处重合回针。平铺衣片，确认左侧衩边平整后再进行下一步操作。

③钩缝下摆：由侧面掏出面与里下摆的缝份，比齐两层的边缘缝合，缝份1cm，起止针处重合回针。

④封上口：先拆掉开衩上部的绷缝线迹，翻到里子的反面，在右片里的开衩止点转角处打剪口，剪至距离净线0.1cm，再将左、右后片里的开衩上口缝份比齐缝合，缝份1cm，起止针处重合回针。也可以在下一步固定的时候手缝封上口，手缝的工艺比较简便，建议初学者使用。

⑤整烫：整理下摆及开衩部分并熨烫。

（6）固定开衩及贴边（图4-58）：

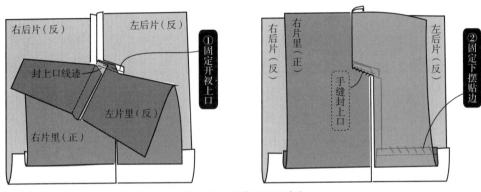

图4-58　固定开衩及贴边

①固定开衩上口：里子在上层，平铺后片，正面理顺开衩，用大头针临时别住开衩上口；掀开里子，将面与里的开衩上口缝份机缝或者手缝固定在一起。

②固定下摆贴边：将贴边上口用手针固定在衣片上，正面不能有线迹。

三、思考与实训

（一）常规部件工艺练习

（1）练习有袋盖挖袋的缝制工艺。

（2）练习手巾袋缝制工艺。

（3）练习暗缝贴袋缝制工艺。

（4）练习开口式袖衩与背衩缝制工艺。

（二）拓展设计与训练

　总结西服挖袋与袖衩的工艺设计方案，根据相关设计要素，对口袋、袖衩进行创新设计，并制作成品。

第二节 女西服缝制工艺

课前准备

一、材料准备

（一）面料

1.面料选择：面料材质适合选择毛织物、混纺织物或化纤类织物等。冬季西服常选用粗纺毛织物，如法兰绒、粗花呢、人字呢、格呢等；春秋季西服常选用精纺毛织物，如华达呢、直贡呢、哔叽、驼丝锦等。毛涤混纺、涤粘混纺或纯涤纶织物因其具有结实、不易起皱、热塑性较强等特性，近年来也广为选用。西服多使用单色或近似单色的面料，有时也选用条格面料。

2.面料用量：幅宽144cm，用量为衣长＋袖长＋15～20cm，约为145cm。

（二）里料

1.里料选择：与面料材质、色泽、厚度相匹配的光滑里料。

2.里料用量：幅宽144cm，用量为衣长＋袖长＋5cm，约为130cm。

（三）其他辅料

1.黏合衬：幅宽90cm的机织衬，用量为衣长＋10cm，约为80cm；幅宽90cm的非织造衬，用量为衣长＋5cm，约为75cm；直纱牵条约300cm，斜纱牵条约60cm。

2.纽扣：直径2.2cm纽扣3粒（备用1粒），直径1.5cm纽扣8粒（备用2粒），材质及颜色与所用面料相符。

3.垫肩：1.5cm厚女西服垫肩1副。

4.袖山条：薄型针刺棉6cm×30cm。

5.缝线：使用与布料颜色及材质相符的机缝线；打线丁用白棉线少量。

6.打板纸：整开牛皮纸5张。

二、工具准备

备齐制图常用工具与制作常用工具。

三、知识准备

提前准备女装原型净样板，复习本书第一章第二节中的"打线丁、锁针、钉针"等的手缝针法以及本章第一节的内容。

女西服是日常穿用的一类服装，造型较为合体，款式简洁，体现稳重的风格，可以与裙装或裤装搭配。

一、款式特征概述

本款女西服的特征为：基本合体的X造型；平驳领，单排两粒扣，平下摆；前身左右各一带盖大袋，前后身刀背形弧线分割，后中破缝；圆装两片袖，袖口带袖衩，有三粒装饰扣，款式如图4-59所示。

图4-59 女西服款式图

二、结构制图

（一）制图规格（表4-3）

表4-3 女西服制图规格表　　　　单位：cm

号/型	胸围（B）	臀围（H）	衣长（L）	肩宽（S）	袖长（SL）	袖口宽（CW）	底领宽（a）	翻领宽（b）
160/84A	84+14	90+12	38+28	39.4+1.6	50.5+3.5	12.5	3	4

（二）衣片结构制图

女西服衣片的结构需要在女装原型的基础上进行调整，具体调整方法如图4-60所示，图中 B^* 表示净胸围。衣片结构制图如图4-61所示。

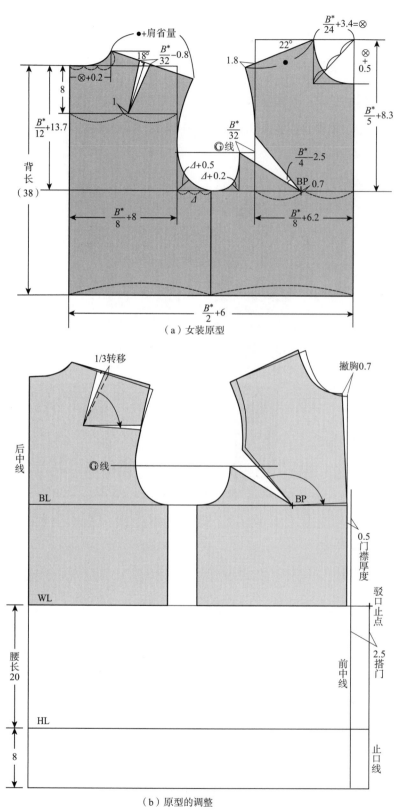

（a）女装原型

（b）原型的调整

图4-60　女装原型及其调整方法

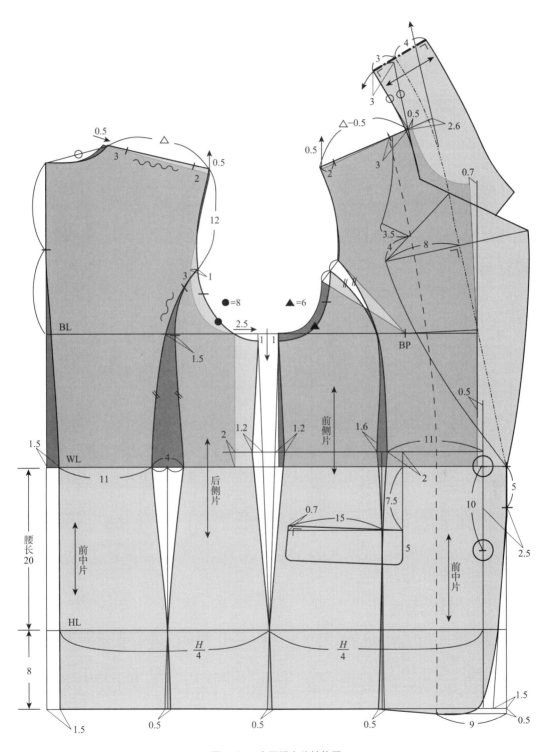

图4-61 女西服衣片结构图

（三）袖片结构制图

女西服袖片结构如图4-62所示，图中袖山高 $=0.65 \times \dfrac{AH}{2}$。

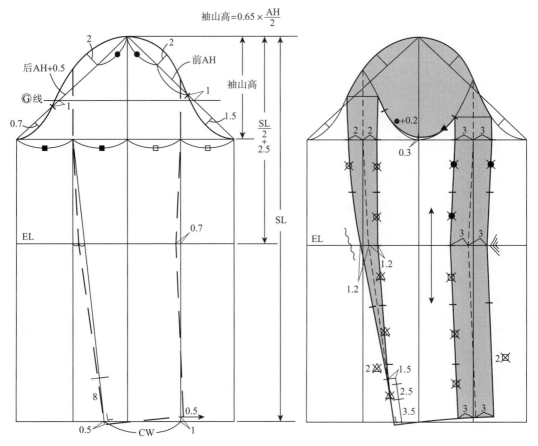

图4-62 女西服袖片结构图

三、纸样确认与调整

（一）纸样对合检查

纸样中的相关部位需要检查对合后的圆顺情况，检查部位和方法如图4-63所示。

（二）大袋位置的确认

女西服大袋位置如图4-64所示，袋盖要求横向与下摆平行，前端纵向与衣身前中线平行。

（三）领面与挂面纸样的调整

女西服领面与挂面纸样的调整方法如图4-65所示，图中领面与挂面放缝时，凡未标明的部位放缝量均为1.5cm。

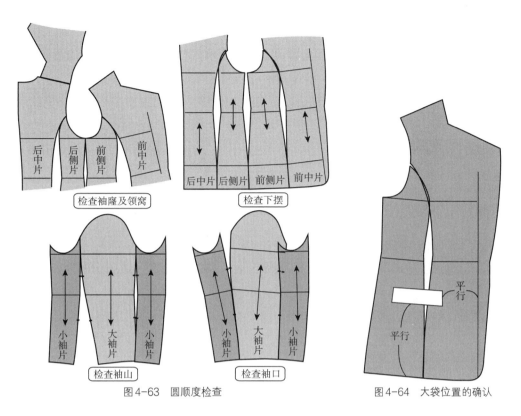

检查袖窿及领窝　　　　检查下摆

后侧片　后侧片　前侧片　前中片

后中片　后侧片　前侧片　前中片

检查袖山　　　　　　检查袖口

小袖片　大袖片　小袖片　　　小袖片　大袖片　小袖片

图4-63　圆顺度检查

平行

平行

图4-64　大袋位置的确认

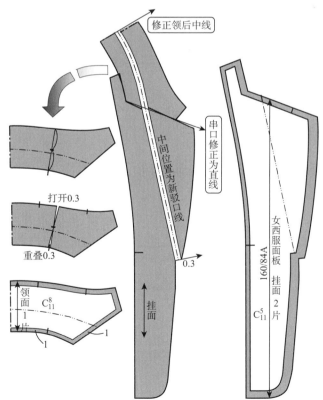

修正领后中线

中间位置为新驳口线

串口修正为直线

打开0.3

重叠0.3

0.3

挂面

挂面

领面1片　C_{11}^{8}

1

1

女西服面板　挂面2片

160/84A

C_{11}^{5}

图4-65　领面与挂面纸样调整

（四）里料衣片纸样的调整

衣片里料不需要和面料纸样相同，可以在不影响规格与款式的基础上进行拼接，以便简化裁剪与缝制工艺，女西服里料衣片纸样的调整方法如图4-66所示。

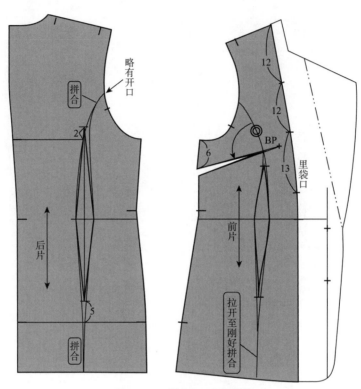

图4-66　里料衣片纸样的调整

四、放缝与排料

确认净样无误后加放缝份与贴边得到毛样板，用于排料。排料时，要求样板齐全，数量准确，严格按照纱向要求排放，尽可能提高材料的利用率。女西服的全套样板明细见表4-4。

表4-4　样板明细表

项目	序号	名称	样板数	裁片数	标记内容
面料样板（C）	1	前中片	1	2	纱向、省位、袋位、对位标记
	2	前侧片	1	2	纱向、对位标记
	3	后侧片	1	2	纱向、对位标记
	4	后中片	1	2	纱向、对位标记

项目	序号	名称	样板数	裁片数	标记内容
面料样板（C）	5	挂面	1	2	纱向、对位标记
	6	大袖	1	2	纱向、对位标记
	7	小袖	1	2	纱向、对位标记
	8	领面	1	1	纱向、对位标记
	9	领里	1	2	纱向、对位标记
	10	袋盖面	1	2	纱向
	11	嵌线	1	2	纱向
里料样板（D）	1	前片	1	2	纱向
	2	后片	1	2	纱向、对位标记
	3	大袖	1	2	纱向、对位标记
	4	小袖	1	2	纱向、对位标记
	5	袋盖里	1	2	纱向、对位标记
	6	大（小）袋布	1	2+2	纱向
	7	里袋布	1	2	
机织黏合衬样板（E）	1	前中片衬	1	2	纱向
	2	前侧片衬	1	2	
	3	领里衬	1	2	
非织造黏合衬样板（F）	1	挂面衬	1	2	纱向
	2	驳头加强衬	1	2	
	3	后侧片袖窿衬	1	2	
	4	后侧片下摆衬	1	2	
	5	后中片袖窿衬	1	2	
	6	后中片下摆衬	1	2	
	7	大袖口衬	1	2	
	8	小袖口衬	1	2	
	9	领面衬	1	1	
	10	底领加强衬	1	1	
	11	领角加强衬	1	1	
	12	大袋盖里衬	1	2	
	13	大袋嵌线衬	1	2	

（一）面料样板放缝与排料

面料样板放缝如图4-67所示，凡图中未特别标明的部位放缝量均为1.5cm，挂面及领面放缝参见图4-67所示。面料排料如图4-68所示。

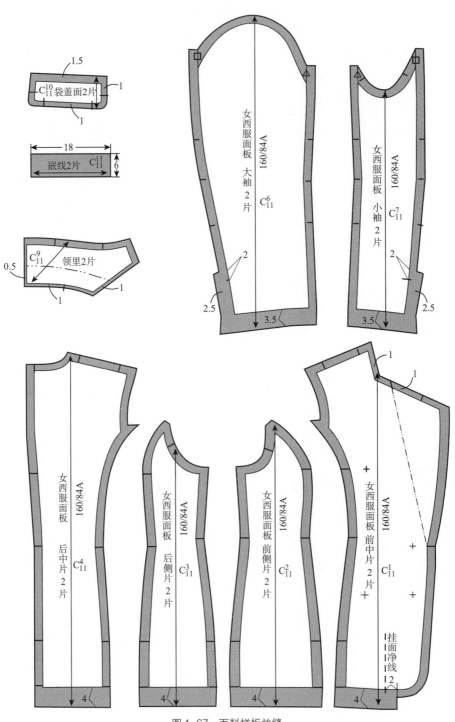

图4-67　面料样板放缝

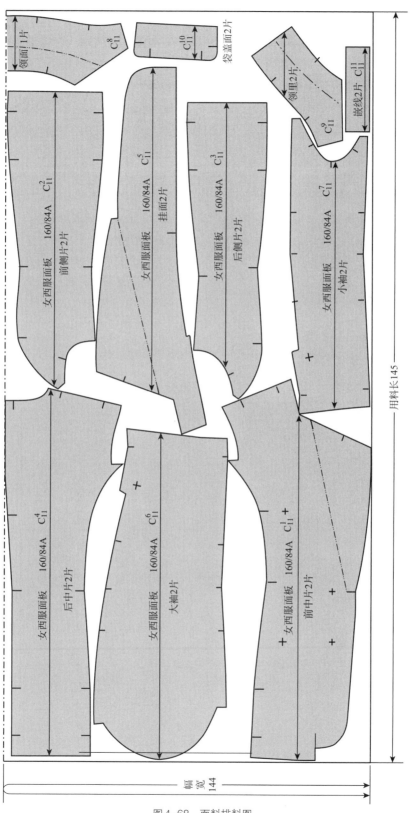

图4-68 面料排料图

（二）里料样板放缝与排料

里料样板放缝及排料如图4-69所示，凡图中未特别标明的部位放缝量均为2cm。

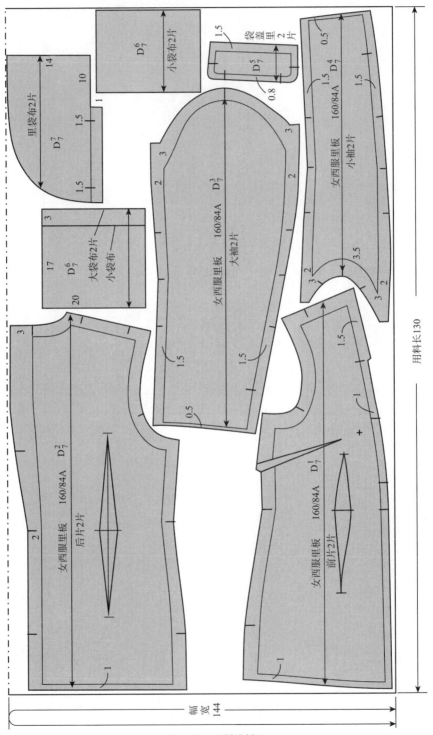

图4-69　里料排料图

（三）衬料样板

衬料样板如图4-70所示，其中机织黏合衬样板编号代码为E，非织造黏合衬样板编号代码为F。

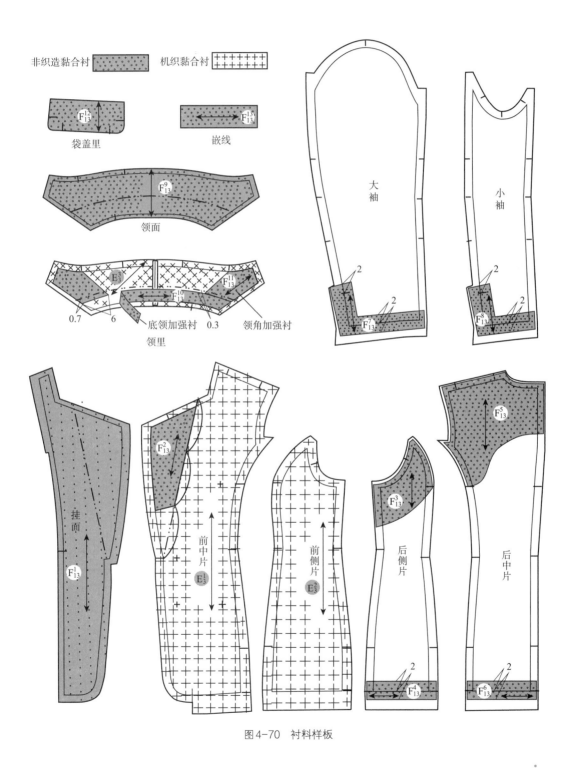

图4-70　衬料样板

五、假缝与试样修正

假缝是将衣片粘衬、打线丁、归拔后，用一定的手缝针法缝合。假缝好的衣服在合适的人台或人体上试穿，对服装的宽松度、款式、长短、前胸、后背、肩宽、领型、袋位等进行细心观察，发现问题，逐一修改，做出令人满意的服装。

1.粘衬

非织造衬用普通熨斗压烫，机织衬有条件的用黏合机压烫。粘衬前应注意衬的尺寸不要大于相应的衣片，并且应该用面料的小片下脚料试验黏合效果后，确定合适的温度、压力和时间，然后再粘衬。

无黏合机时，可用普通熨斗压烫，其方法是在熨斗下垫一层纸（防止熔胶粘在熨斗底部），垂直用力下压5～6s，粘前少喷些蒸汽或水，熨斗温度控制在160～180℃。为使黏合均匀，每次移动要将熨斗移开熨斗底宽的1/2。

2.打线丁

打线丁的方法及要求参见《服装工艺设计与制作·基础篇》第三章"制作工艺基础"中的第一节"手缝工艺基础"部分，打线丁的部位如图4-71所示。

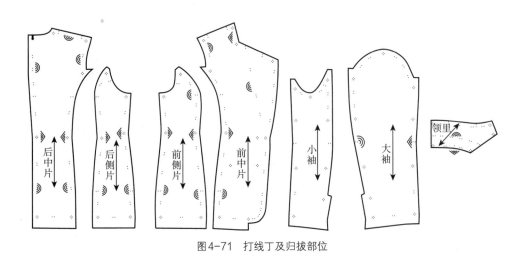

图4-71 打线丁及归拔部位

3.归拔衣片

衣片归拔部位及要求如图4-71所示。归拔时，在衣片上稍喷洒些水，将对称衣片正面相对，同时归拔，归拔后将衣片放在人台或人体的相应位置观察，看看是否达到合体美观的效果。归拔好的领里，沿翻折线折转并用环针手缝临时固定，以防在假缝试样过程中变形。

归拔后，要核对衣片之间相应缝边的对位关系及长度，并修顺净缝线。上述工作完毕后需要将衣片在自然状态下静置1小时定型。

六、缝制工艺

（一）缝制工艺流程（图4-72）

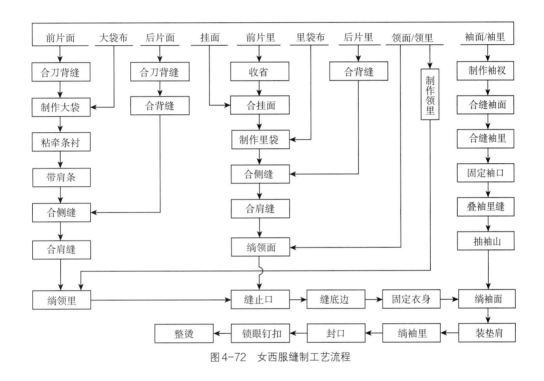

图4-72 女西服缝制工艺流程

（二）缝制工艺说明

1.缝制前衣片（图4-73）

①缝合刀背线：前侧片与前中片正面相对（前中片在下层），对准标记缝合，在胸点附近，前中片略有吃势。

②分烫缝份：曲度较大区域将缝份打几个剪口，然后在布馒头上分烫。

③做大袋：具体方法及要求参见本章第一节中的"口袋工艺"部分。

④粘牵条衬：为了防止驳头、前止口、袖窿等处在缝制及服用过程中发生变形，图4-73所示的部位需要粘牵条衬加固。特别是串口处牵条衬需要超过驳口线5cm，且这一段暂时不粘，待其他部位粘好后，将驳头沿驳口线翻折后再粘。前袖窿需要粘斜纱牵条衬，可以先将牵条衬绷缝在袖窿缝份上，然后熨烫粘牢。

⑤带肩条：裁剪1.5cm宽、与前肩线等长的横纱白布条，大针脚平缝于前肩线处。

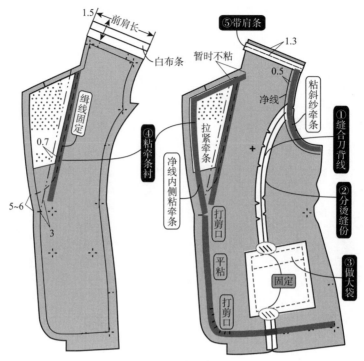

图4-73 缝制前衣片

2.缝制后衣片

平缝刀背缝，后中片置于下层，对准刀背缝对位标记缝合，胸围线以上部分后中片略有吃势。刀背缝弧线处打几个剪口后，在布馒头上分烫缝份；然后合背缝，分烫缝份。

3.缝合侧缝与肩缝

缝合侧缝与肩缝，分烫缝份。合肩缝时，后衣片在下层，对准两端记号，拉长前肩线，将后肩吃势均匀缝缩在中区。

4.扣烫下摆

将下摆沿净缝线向里折转扣烫，注意整体圆顺。

5.缝制里子

（1）收省：缝合腰省、胸省，省缝分别倒向中心线腋下方向。

（2）缝合挂面：衣里在下，对合记号缝合，中间袋口处不缝。

（3）做里袋：具体工艺参见本章第一节中的"口袋工艺"部分。

（4）合背缝：如图4-74所示，各段背缝按不同缝份缝合，熨烫时沿净缝线向一侧扣烫，腰节线以上部分留有活动量。

（5）合缝衣里：合肩缝时，后肩线吃势折叠在中间部位，缝份沿净缝线倒向后片；平缝侧缝，缝份倒向后片，坐势0.2cm。

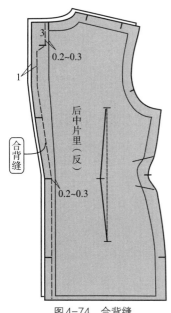

图4-74 合背缝

6.缝制领里

如图4-75所示，首先缝合领里中线，分绱缝固定缝份；再沿翻折线绱缝牵条衬，注意在颈侧区域（SNP两侧）带紧牵条衬；然后拔烫底领下口的颈侧区域（注意两侧对称），再沿翻折线折转，压烫中区定型。

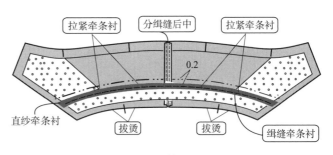

图4-75 缝制领里

7.绱领里

如图4-76所示，分别在前衣片和挂面的正面画出领口净线、串口净线，在领里、领面的正反面画出串口线、绱领线、绱领对位点；领里在上，衣身在下，比齐对位点，从一侧串口线上的绱领起（止）点起缝，倒回针；缝至转角处时将缝针插入针孔固定缝件，在领口打剪口，拉直领口继续缝合；缝至对面转角处时，同样方法处理；最后缝合另一串口线至绱领起（止）点，止针时倒回针。在领里转角处修剪余角；串口及前领口部分

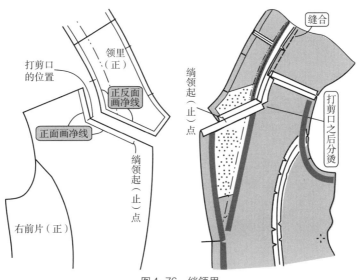

图4-76 绱领里

的缝份分烫，其余部分的缝份倒向领底。

8.绱领面

采用与绱领里相同的方法绱领面。

9.做止口（图4-77）

①钩缝止口：将衣身面、里正面相对，对准记号，由一侧摆角起缝，吃进衣面约0.3cm；门襟区域平缝，驳头部分吃进挂面约0.3cm；驳角处双向分别吃进挂面约0.2cm；

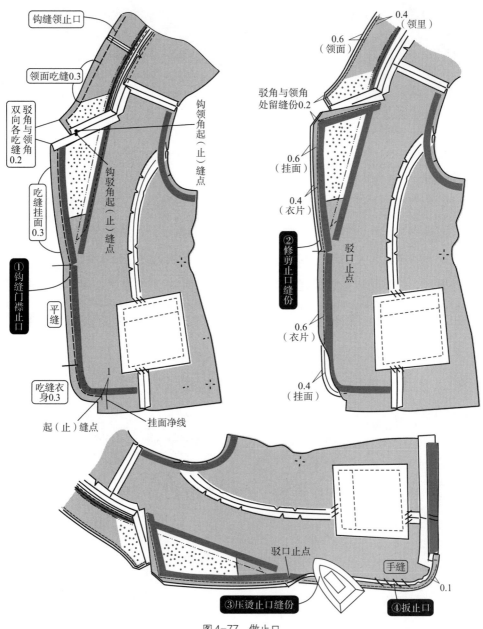

图4-77 做止口

缝至缜领起（止）点倒回针；将四层串口缝份翻至驳头一侧，比齐领止口，由净线处起缝，领角双向分别吃进领面约0.2cm；在颈侧区域，吃进领面约0.3cm；后中平缝，另一侧对称缝至摆角。

②修剪止口缝份：将止口缝份梯次修剪，驳角与领角处的缝份修剪成尖角状，使双向缝份扣倒后尽可能不重叠。

③压烫止口缝份：止口缝份沿缝合线迹折转、压烫；由左（右）侧袖窿处翻出衣身至正面，压烫止口，顺势压烫下摆贴边。注意领及驳头区域倒领面和挂面吐0.1cm，门襟区域衣面倒吐0.1cm。要求止口圆顺，不还口，熨烫平薄。

④扳止口：将门襟和驳头部分的止口缝份与衣身手缝固定。

10. 合侧缝

缝合衣面侧缝，分烫缝份；缝合衣里侧缝，坐烫缝份，留0.3cm眼皮。

11. 钩缝下摆

从与挂面接缝处开始，将衣片里下摆逐渐拉至与衣面下口平齐（约3cm之内），斜线过渡钩缝，如图4-78所示。注意里与面的各条纵向分割线对齐。

12. 固定衣身（图4-79）

①临时固定翻折线：将驳头与领子沿翻折线折转，绕缝固定折边，成衣整烫前拆除。

②固定挂面缝份：里子朝上铺平前衣身，沿挂面里口用大头针临时固定挂面与衣身，衣身翻回反面，将挂面里口中区的缝份与衣身手缝固定，要求正面不能看到线迹。

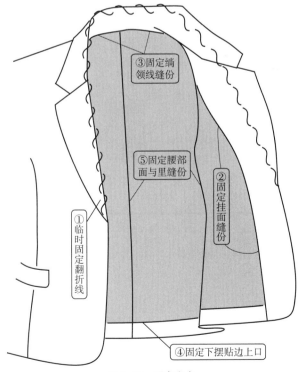

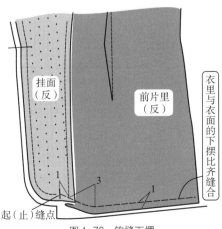

图4-78　钩缝下摆　　　　　　　　　　图4-79　固定衣身

③固定绱领线缝份：在反面沿绱领线手缝固定后中区域领里与领面的缝份。

④固定下摆贴边上口：从反面将衣身下摆的贴边沿烫印折转，手缝三角针固定整条贴边的上口，注意对合各条纵向分割线的位置；翻至正面，衣里下摆留1cm眼皮，烫实衣里与衣面下摆。

⑤固定腰部面与里缝份：理顺衣身与里子，在各条纵向分割线的腰部将衣里与衣面缝份对应进行固定，手缝或机缝均可。

13.做袖（图4-80）

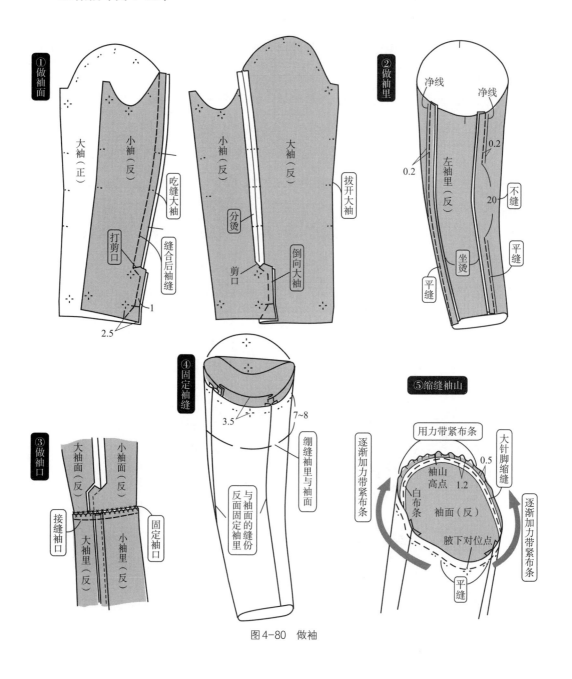

图4-80　做袖

①做袖面：首先需要归拔大袖片，再缝合后袖缝。如图4-80所示，缝合时大、小袖片正面相对，大袖片在下层，对准标记，袖肘线区域吃缝大袖，向下顺缉袖衩；小袖衩转角处打剪口后分烫后袖缝，袖衩处缝份倒向大袖，并沿标记扣烫袖口贴边；然后将小袖片置于下层，对齐对位标记，拔开大袖的袖肘线区域缝合前袖缝，并分烫袖缝。

②做袖里：分别缝合袖里的前、后袖缝，缝份1.3cm，袖缝份倒向小袖一侧，坐势各为0.2cm，注意右侧袖里的前袖缝只缝合上下两端，中间区域留出约20cm不缝。

③做袖口：将袖里、袖面正面相对套合（袖面在外），比齐袖口，车缝一周；袖口贴边沿烫印折转，三角针固定贴边上口；再将袖里翻正，袖口留出1cm眼皮烫实。

④固定袖缝：前、后袖缝的肘部，需要用手针将里、面对应缝份固定；然后在距袖肥线约8cm处绷缝一周，理顺袖里与袖面，修剪里子袖山缝份。

⑤缩缝袖山：袖里用大针脚缩缝袖山吃势；袖面用1.5cm宽度的斜纱白布条缝缩吃势，布条比袖窿长短2cm，根据各区域吃势大小调整拉伸布条的力度，如图4-80所示。缩缝好的袖山应该与袖窿基本等长，在铁凳或袖山烫板上将袖山头熨烫圆顺饱满。

14.绱袖

（1）绱袖面：将衣身反面翻出，袖子正面朝外，对准袖山与袖窿对位点，先用手针绷缝或大针脚机缝固定净线外0.2cm处；正面检查绱袖情况，位置与吃势分布均合适的话，可以正式绱袖；缝合时袖山在上层，要求缉线顺直、不吃不赶。

（2）绱袖山垫条：为增加袖山的饱满度，需要裁配与大袖山弧长相等、宽为2.5cm的针刺棉作为袖山垫条；袖山垫条缝在袖山缝份上，止口缩进0.5cm，前后位置以肩缝为界，向外距净缝线0.2cm车缝袖山垫条，如图4-81所示。

（3）装垫肩：将衣身翻正，垫肩装入肩部夹层，外口与袖窿缝份比齐，最厚处与肩缝对齐，从正面手针固定肩部，如图4-82所示；将衣身翻至反面，将垫肩与肩缝缝份手针固定；然后用倒钩针将垫肩与袖窿缝份固定牢，但要注意缝线不宜拉紧。

（4）绱袖里：先从右袖窿翻出左袖里与左袖窿，对准标记机缝绱袖；再从右袖里开口处翻出右袖里与右袖窿，对准标记机缝绱袖；然后将袖山头区域的袖里缝份固定在垫肩与衣身袖窿上；最后正面缉缝袖缝开口。

15.锁眼、钉扣

具体工艺请参阅《服装工艺设计与制作·基础篇》第三章"制作工艺基础"中的第一节"手缝工艺基础"部分的相关内容。

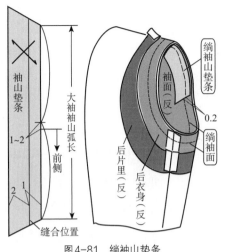

图4-81　绱袖山垫条

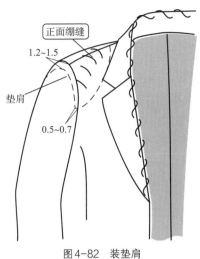

图4-82　装垫肩

16.整烫

整烫前要去除所有线丁，拆去表面绷缝线。

整烫顺序为后身下摆、后中腰部、后背部、肩部、胸部、前腰部、大袋、下摆、止口、驳头、领子、袖子。

要求止口及所有缝份要烫实，驳头翻折线从第一粒扣向上1/3不能烫。熨烫正面时，一定要垫上烫布，以免出现极光，熨烫完毕后将衣服挂在衣架上，散发潮气。

七、思考与实训

设计并制作一款女西服，撰写相应的设计说明书，主要内容包括：作品名称，款式图，款式说明，用料说明（面料和辅料），结构图和毛样板图（1：5），工艺流程图，缝制工艺方法及要求等。女西服的规格尺寸自定，工艺要求及评分标准见表4-5。

表4-5　女西服工艺要求及评分标准

项目	工艺要求	分值
规格	允许误差：胸围＝±2cm；衣长＝±1cm；肩宽＝±0.8cm；袖长＝±0.5cm；袖口＝±0.5cm	15
领	领角、驳头对称，窝服，串口顺直，里外平薄，止口不反吐	20
衣身	肩头平服，衣身丝缕顺直，胸部饱满，吸腰自然，止口平薄、顺直，下摆窝服，锁眼、钉扣方法正确、位置准确	15
袋	大袋袋盖丝缕正确、服帖，美观对称，袋布平服，袋口两端方正，牢而无毛，无裥	15
袖	绱袖位置准确，袖山饱满、圆顺，吃势均匀、无皱，袖面平服不起吊，垫肩位置合适，缝钉牢固	15
衣里	装配适当，袖口、下摆留眼皮1cm左右，背缝、侧缝留坐势，与衣面固定无遗漏	10
锁眼钉扣	扣眼位置正确，大小合适，针迹均匀；钉扣牢固、线柱符合要求、位置正确	5
整烫效果	外形挺括，分割线顺直、美观，无线头、无污渍、无黄斑、无极光、无水渍	5

第三节　男西服缝制工艺

课前准备

一、材料准备

（一）面料

1.面料选择：面料材质适合选择毛织物、混纺织物或化纤类织物等。经典的三件套装（马甲、西裤、西服）多采用深色高级精纺毛料制成，如黑色、藏青色和深灰色，也可以选择素色或细条纹的面料。

2.面料用量：幅宽144cm，用料长＝衣长＋袖长＋25～30cm，约为165cm。

（二）里料

1.里料选择：与面料材质、色泽、厚度相匹配的光滑里料。

2.里料用量：幅宽144cm，用料长＝衣长＋袖长＋10cm，约为155cm。

（三）其他辅料

1.衬料：幅宽90cm的机织黏合衬，用量为衣长×2，约为150cm；幅宽90cm的非织造黏合衬50cm；幅宽90cm的黑炭衬，长50cm；胸绒1对；领底呢50cm×15cm（正斜方向）；直纱牵条约300cm，斜纱牵条约60cm。

2.纽扣：准备直径2.2cm纽扣3粒（备用1粒），1.6cm纽扣8粒（备用2粒），材质及颜色与所用面料相符。

3.垫肩：1.5cm厚男西服垫肩1副。

4.弹袖棉条：弹袖棉条成品1对，或者准备35cm×35cm的毛毡衬。

5.缝线：准备与使用布料颜色及材质相符的机缝线；少量打线丁用白棉线。

6.袋布适量（也可用里子布代替）。

7.打板纸：整开牛皮纸5张。

二、工具准备

备齐制图常用工具与制作常用工具。

三、知识准备

提前复习男装原型结构，复习《服装工艺设计与制作·基础篇》第三章"制作工艺基础"第一节"手缝工艺基础"中的"手缝针法"部分，熟悉本章第一节内容。

男西服的造型比较合体，款式也有所变化。通常西服可以按领型不同分为平驳领西服、戗驳领西服和青果领西服等；按搭门宽度的不同可分为单排扣西服和双排扣西服；按适用场合不同可分为正装西服和休闲西服。比较典型的款式是平驳领单排扣西服，现以这类西服为例说明其缝制工艺。

一、款式特征概述

如图4-83所示的经典款男西服，半紧身造型，平驳领，单排两粒扣，圆角下摆；前身左右各收一个腰省，左右腹部各设一个带盖大袋，左胸部设一手巾袋；后中破缝，圆装袖，袖口开衩并钉有三粒装饰扣；领面为分领座。

该款西服已经通行了一个多世纪，用黑色高级精纺毛料制成的三件套装（马甲、西裤、西服）是现代国际化的男子礼仪服，选用藏青色和深灰色（包括素色及细条纹）高级精纺毛料制作的三件套，也有较高的礼仪地位。

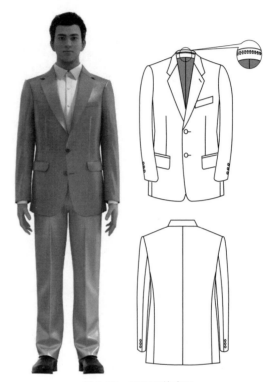

图4-83 男西服款式图

二、结构制图

（一）制图规格（表4-6）

表4-6 男西服制图规格表 单位：cm

号/型	胸围（B）	臀围（H）	衣长（L）	肩宽（S）	袖长（SL）	袖口宽（CW）	底领宽（a）	翻领宽（b）
170/88A	88+16	90+12	42.5+30	43.6+2	55.5+3	14.5	2.5	3.5

规格说明：作为礼服的西服，其衣长应比普通上衣长，下摆要盖过臀部，而袖长又比普通上衣稍短，袖口要露出1～1.5cm的衬衫袖口。

西服的衣长是指后衣长，其确定方法是在本书第一章第一节表1-4中查170/88A号型对应的"颈椎点高"值，该值的一半即为西服的后衣长。

西服袖长的测量方法：从肩端点量起，沿手臂外侧经过外肘点向下量至大拇指尖。

量得数值后减去10cm再加上垫肩厚度即为西服袖长，也可以在本书第一章第一节表1-4中查170/88A号型对应的"全臂长"值，该值加3cm左右即为西服的袖长值。

（二）男西服原型

男西服原型需要以男装原型（参见本书第三章第二节图3-45）为基础进行调整，其结构如图4-84所示，图中B^*表示净胸围。

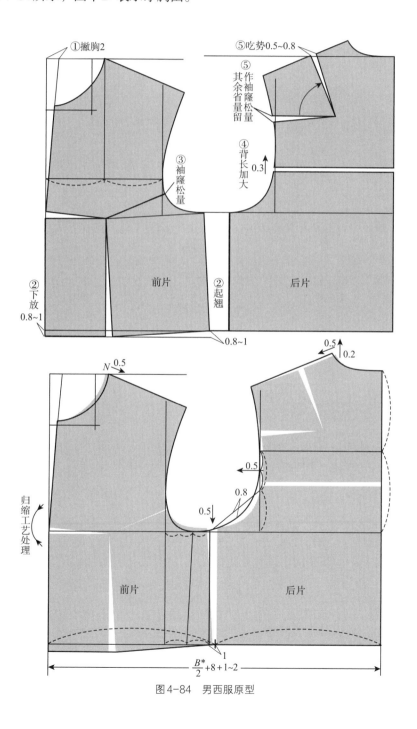

图4-84　男西服原型

（三）衣片结构制图

男西服衣片结构如图4-85所示，内袋位置及大小的确定如图4-86所示。

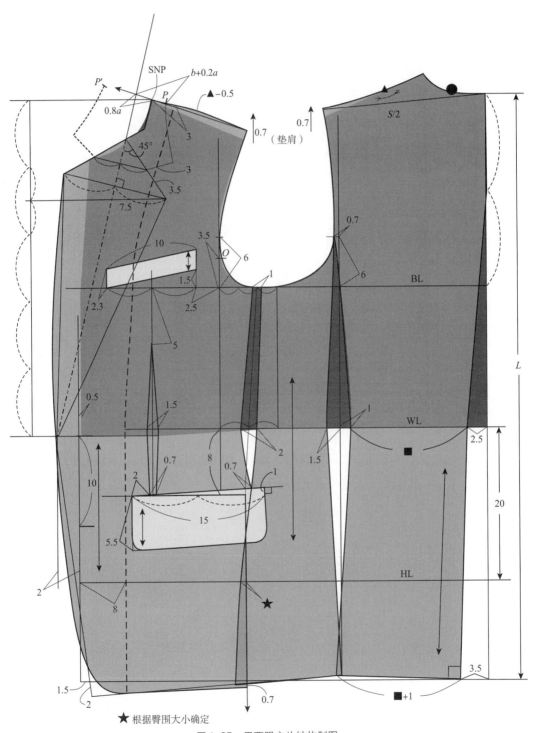

图4-85 男西服衣片结构制图

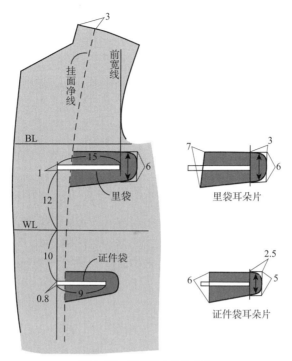

图4-86 男西服内袋的确定

（四）领子结构制图（图4-87）

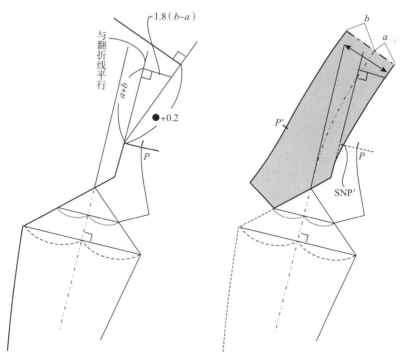

图4-87 男西服领子结构图

（五）袖子结构制图（图4-88）

三、纸样确认与调整

（一）纸样对位的确认（图4-89）

（二）纸样间的圆顺度确认（图4-90）

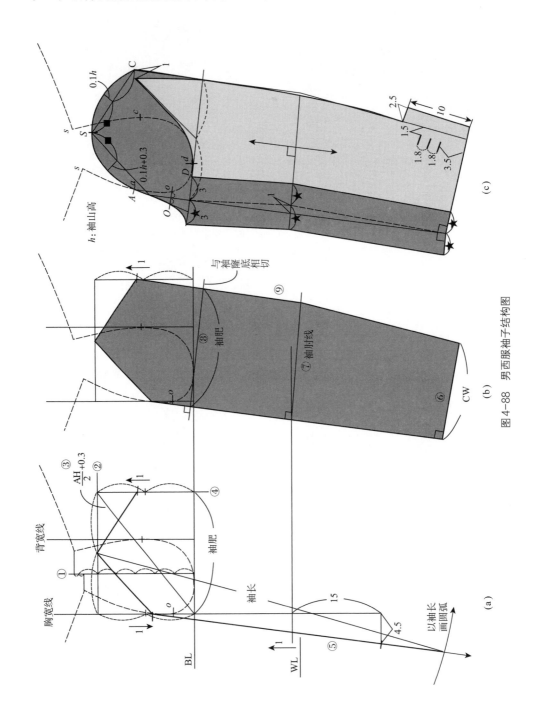

图4-88 男西服袖子结构图

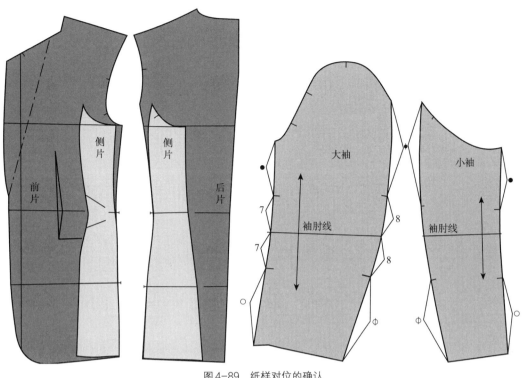

图4-89 纸样对位的确认

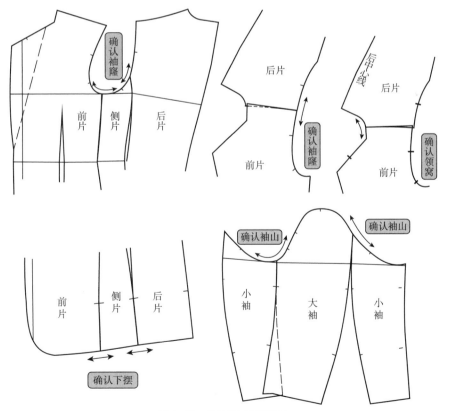

图4-90 弧线的圆顺度确认

（三）袖山与袖窿的对位及袖山吃势确认（图4-91）

（四）领里装领线与领口的对位确认（图4-92）

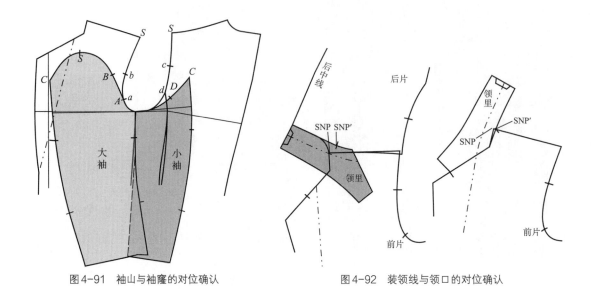

图4-91 袖山与袖窿的对位确认

图4-92 装领线与领口的对位确认

（五）领面的纸样调整（图4-93）

（六）挂面的纸样调整（图4-94）

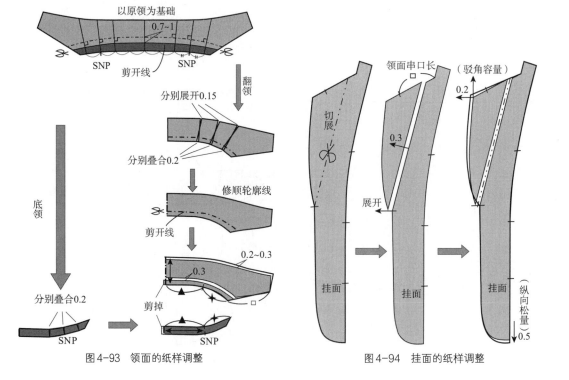

图4-93 领面的纸样调整

图4-94 挂面的纸样调整

四、放缝与排料

确认无误的纸样经过放缝后，得到裁剪用样板。

（一）面料纸样放缝

衣身与袖片纸样放缝，如图4-95所示，凡图中未标明的部位放缝量均为1.2cm。领面、领里及挂面纸样放缝，如图4-96所示。

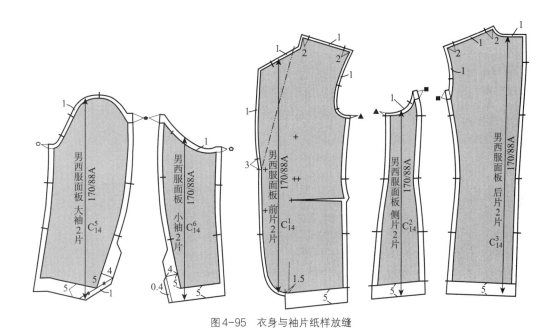

图4-95　衣身与袖片纸样放缝

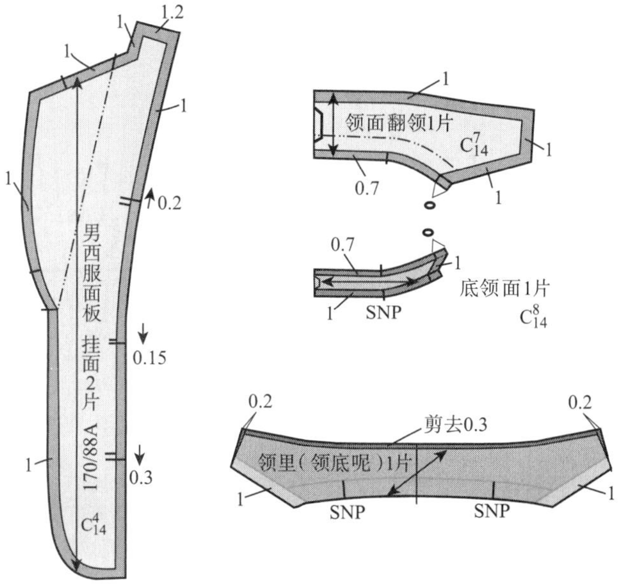

图4-96　领与挂面纸样放缝

（二）衣里纸样放缝

里料纸样放缝如图4-97所示，凡图中未标明的部位放缝量均为1.5cm。

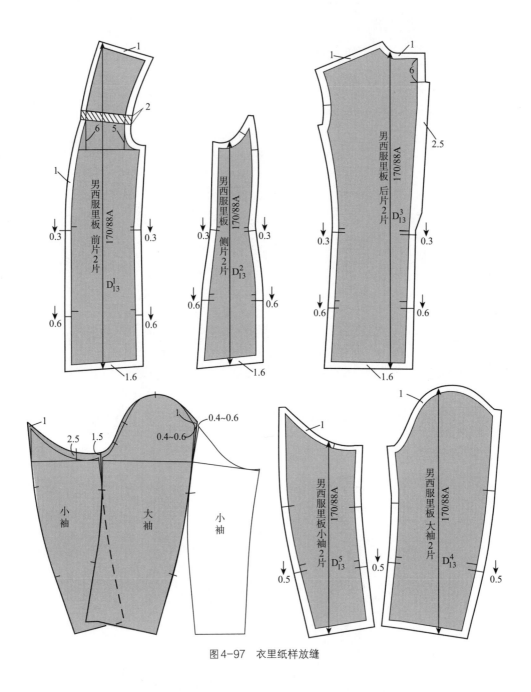

图4-97 衣里纸样放缝

（三）衬料样板的制作

以衣片裁剪样板为基础配制衬料样板。为防止粘衬时胶粒粘在其他衣片或机器的传送带上，衬的边沿要比相应的衣片缩进0.3～0.5cm。

1.机织黏合衬的样板配制（图4-98）

挂面衬可用机织黏合衬，也可用非织造黏合衬。

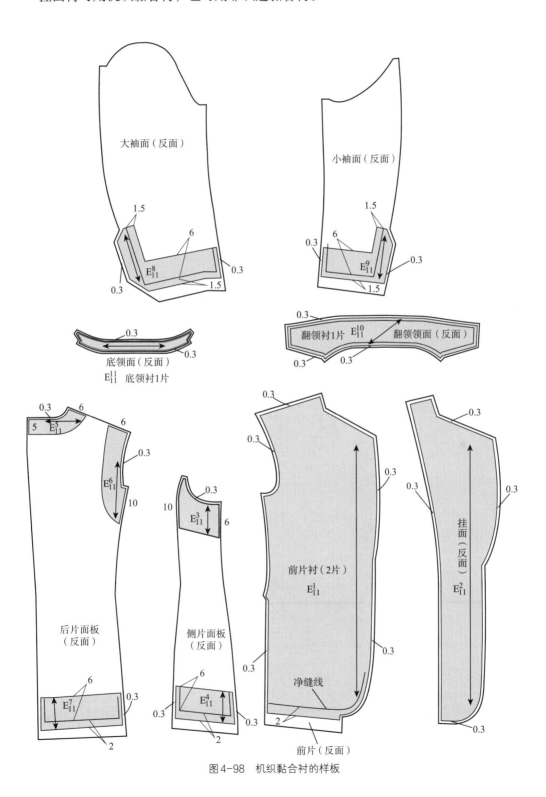

图4-98　机织黏合衬的样板

2.挺胸衬及胸绒的样板配制（图4-99）

挺胸衬选用黑炭衬，胸绒选用针刺棉。如果能买到成品胸衬，可以不需要配制该样板。

（四）零部件及其用衬的样板

1.带盖大袋的系列样板（图4-100）

2.手巾袋的系列样板（图4-101）

3.里大袋的系列样板（图4-102）

4.证件袋的系列样板（图4-103）

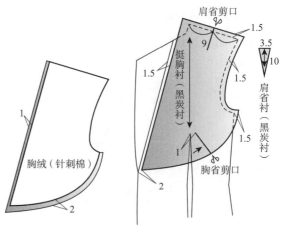

图4-99 胸衬的样板

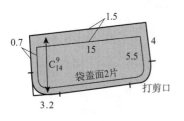
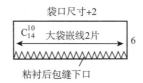
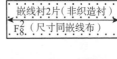

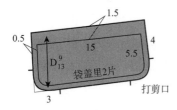

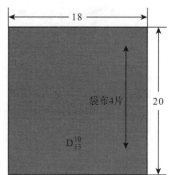

图4-100 带盖大袋的样板

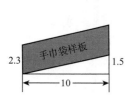
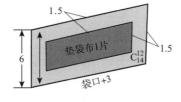
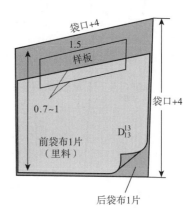

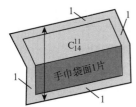

图4-101 手巾袋的样板

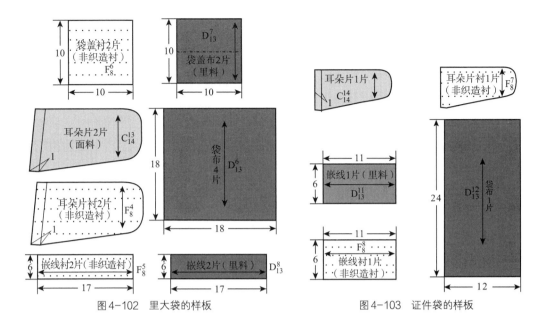

图4-102 里大袋的样板   图4-103 证件袋的样板

（五）排料

排料时，要求样板齐全，数量准确，严格按照纱向要求排放，尽可能提高材料利用率。男西服的全套样板明细见表4-7。

表4-7 样板明细表

项目	序号	名称	样板数	裁片数	标记内容
面料样板（C）	1	前衣片	1	2	纱向、省位、袋位、对位标记
	2	侧片	1	2	纱向、对位标记
	3	后衣片	1	2	纱向、对位标记
	4	挂面片	1	2	纱向、对位标记
	5	大袖片	1	2	纱向、对位标记
	6	小袖片	1	2	纱向、对位标记
	7	翻领面片	1	1	纱向、对位标记
	8	底领面	1	1	纱向、对位标记
	9	大袋盖面	1	2	纱向、对位标记
	10	大袋嵌线	1	2	纱向
	11	手巾袋面	1	1	纱向
	12	手巾袋垫袋布	1	1	纱向
	13	里袋耳朵片	1	2	纱向
	14	证件袋耳朵片	1	1	纱向

项目	序号	名称	样板数	裁片数	标记内容
里料样板（D）	1	前衣片	1	2	纱向
	2	侧片	1	2	纱向、对位标记
	3	后衣片	1	2	纱向、对位标记
	4	大袖片	1	2	纱向、对位标记
	5	小袖片	1	2	纱向、对位标记
	6	里大袋袋布	1	4	纱向
	7	里袋盖布	1	2	
	8	里大袋嵌线	1	2	
	9	大袋盖里	1	2	
	10	大袋袋布	1	4	
	11	里证件袋嵌线	1	1	
	12	证件袋袋布	1	1	
	13	手巾袋袋布	1	2	
机织黏合衬样板（E）	1	前衣片衬	1	2	纱向
	2	挂面衬	1	2	
	3	侧片袖窿衬	1	2	
	4	侧片下摆衬	1	2	
	5	后领口衬	1	2	
	6	后片袖窿衬	1	2	
	7	后片下摆衬	1	2	
	8	大袖口衬	1	2	
	9	小袖口衬	1	2	
	10	翻领衬	1	1	
	11	底领衬	1	1	
非织造黏合衬样板（F）	1	大袋盖里衬	1	2	纱向
	2	大袋嵌线衬	1	2	
	3	手巾袋袋板衬	1	1	
	4	里袋耳朵片衬	1	2	
	5	里大袋嵌线衬	1	2	
	6	里大袋袋盖衬	1	2	
	7	证件袋耳朵片衬	1	1	
	8	证件袋嵌线衬	1	1	
黑炭衬	1	挺胸衬	1	2	纱向
	2	盖肩衬	1	2	
针刺棉	1	胸衬	1	2	

1.面料排料图（图4-104）

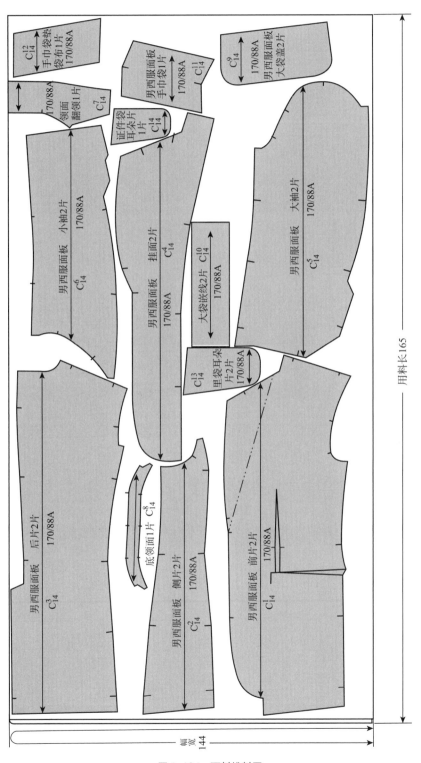

图4-104　面料排料图

2.里料排料图（图4-105）

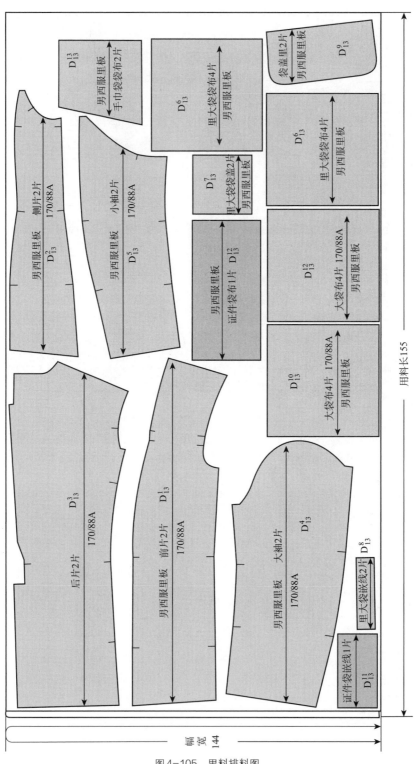

图4-105　里料排料图

3.机织黏合衬排料图（图4-106）

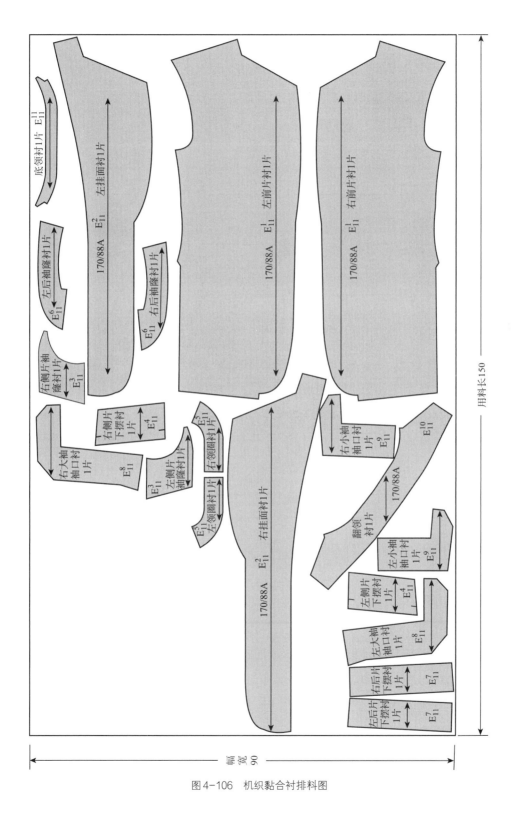

图4-106　机织黏合衬排料图

五、假缝与试样修正

假缝是指为了后续试样而用坯布或实物面料裁片，并按一定的程序和方法缝合起来的做法。缝合可采用手缝或机缝，也可采用两者相结合的方法进行，机缝时针迹密度要比一般机缝小，取6~8针/3cm。

（一）假缝工艺流程（图4-107）

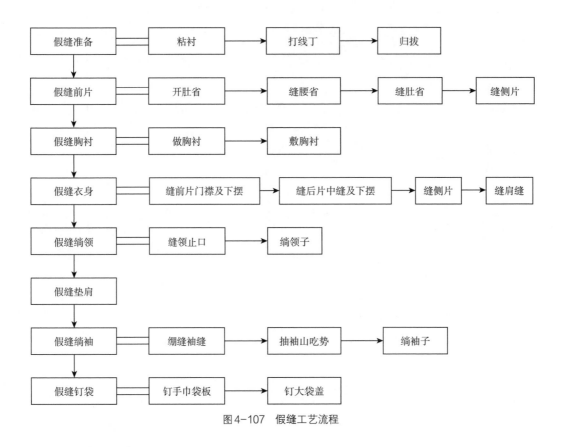

图4-107　假缝工艺流程

（二）衣片粘衬

根据配衬要求，将需要的部位粘衬。

（三）打线丁与归拔（图4-108）

（四）假缝步骤

1.做前片（图4-109）

2.做胸衬与敷胸衬（图4-110）

胸衬由挺胸衬、胸绒、盖肩衬组成，其中挺胸衬需要收胸省、开肩省，经过归拔后与胸绒、盖肩衬纳缝固定；做好的胸衬置于前衣片反面，胸绒朝上，胸衬与衣片的位置

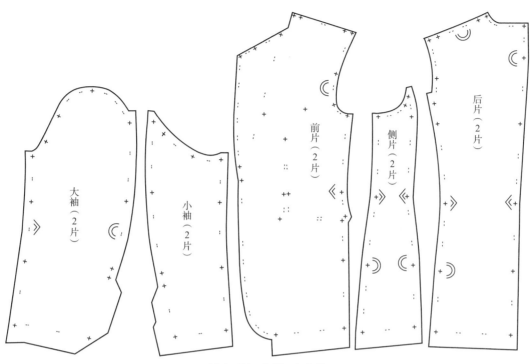

图4-108　打线丁与归拔

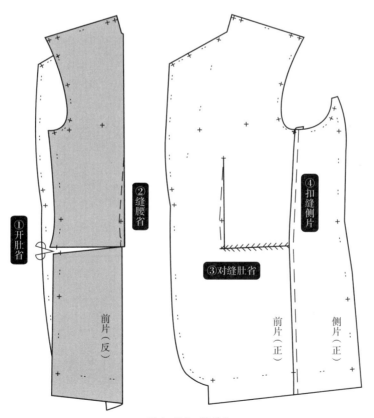

图4-109　做前片

关系如图4-110所示。用熨斗将胸衬的驳口牵条衬粘在衣片上，然后衣片正面朝上，下面垫一个扁圆型的物体，使胸部呈现立体状态，也使得衬与衣片紧密贴合；敷衬需要缝四条线，从肩缝下10cm且距驳口线3cm处开始，用棉线绷缝第一道线，沿腰省缝口向上绷缝第二道线，依次绷缝第三道线、第四道线。绷缝时，注意将衣片向驳口线与串口线交点方向拉出一些，使肩部平挺。

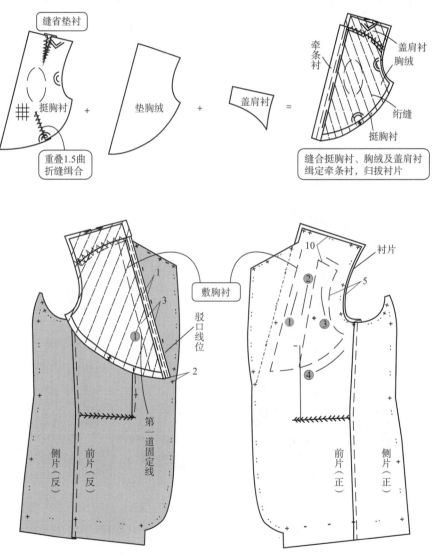

图4-110　敷胸衬

3.扣缝衣身（图4-111）

4.绱领子（图4-112）

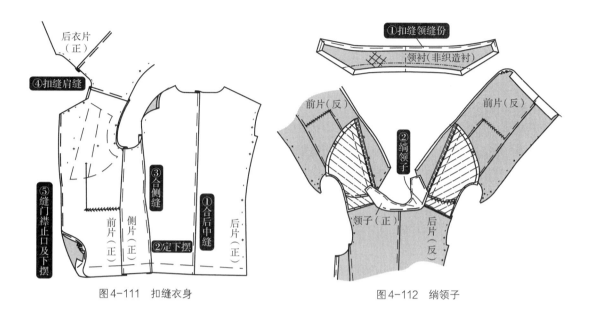

图4-111　扣缝衣身

图4-112　绱领子

5.做袖子（图4-113）

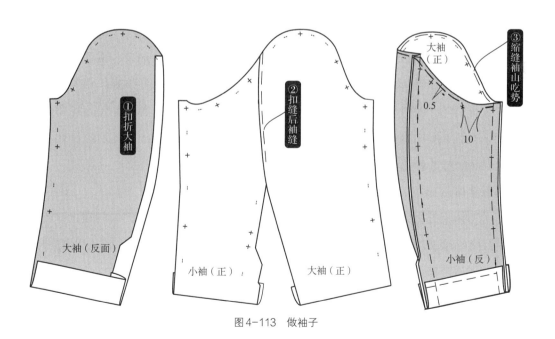

图4-113　做袖子

6.完成假缝（图4-114）

装垫肩、绱袖子并钉缝口袋，完成假缝。

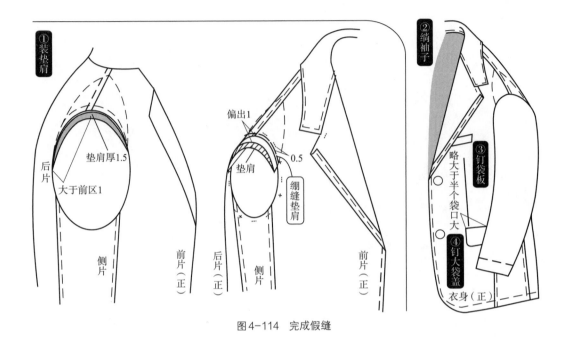

图4-114　完成假缝

（五）试样与修样

假缝完成的西服由穿着者试穿，试穿时要观察服装的宽松量，同时要观察零部件的设计与服装整体款式以及长宽和上下、左右位置关系是否协调。如果在围度上过量，需要把肥大部位的缝线拆掉，收小后用大头针别定；如衣长偏短，同样要把相关位置的缝线拆开放长后用大头针固定，在进行缩放等修改时要注意左右对称。此外，还要仔细观察袖肥、袖长、袖山高是否适宜，领子是否合适。下面分别说明不同体型容易产生的主要问题及其纸样的修正。

1.正常体

正常体体型的胸腰差应控制在11～13cm，穿上西服，系好纽扣，前门襟止口的重叠量为3～3.5cm。如重叠量过大，需修窄止口，同时驳口线、驳头都要做相应的调整；如重叠量过小，需加宽止口，同样，驳口线和驳头也要做相应的修正。

2.溜肩体

溜肩体体型的人穿上西服易出现两种问题，一是衬衣领外露太多；二是后背出现斜皱褶。

溜肩体纸样的修正方法：

（1）调整垫肩。

（2）将前衣片肩颈点提高 0.5~0.8cm，后衣片肩颈点相应提高 0.5~0.8cm，下摆则减去 0.5~0.8cm，腰节上提 0.25~0.4cm，袋位、驳口线需做相应的改变。

对体型偏胖、后背稍弯、肩部较宽的服用者，应将前衣片肩颈点和后衣片领圈同时提高 1.3cm，并向袖窿方向偏 0.5cm，其他受影响的部位也重新确定。

（3）为使袖窿圆顺，肩部宽些，应将袖窿开深，肩端点相应降低。

3.端肩体

端肩体体型的人穿上西服，系好纽扣后，易出现驳口不服帖、肩头上翘、领根上浮等现象；解开纽扣，止口又会豁开。

端肩体纸样的修正方法：

（1）调整垫肩。

（2）调整领圈，后领圈下落 0.5~1cm，前领圈也相应下落。

（3）肩端向前凸势较大的处理方法。如横纹较少、较短，可将后部领圈下落 0.3cm；如横纹较多、较长，可根据横纹的折叠量，决定后领圈下落的量，同时，肩颈点下落 1cm 左右，后中线加宽 0.5cm，袖窿肩端点偏进 0.5cm。

4.腹部前凸体

腹部前凸体型的人穿上西服易出现前身短、后身长，止口搭叠、后衩豁开等现象。

腹部前凸体型纸样的修正方法：加长前衣片，缩短后衣片，在后身背宽线处横向折叠衣身，并用大头针别合固定，折叠量以前止口、后衩正常为准。将横向折叠量以等量或不等量分配在肩缝和领口上。例如，折叠量是 1cm，后领口和后肩缝均下落 0.5cm，相应地前肩缝和前横领口均加长 0.5cm。另外，腹部前凸必然会引起袖子偏后，穿上西服后袖子肩端处出现横向皱纹，所以袖子也必须修正，将大袖前袖缝在袖口处向内偏 0.7~1.3cm，后袖缝在袖口处向外偏 0.7~1.3cm。

5.驼背体型

驼背体型的特点是后背突出，躯干上部前倾，后腰节明显长于前腰节。穿上西服，系上纽扣，前止口豁开，后开衩搭叠。

驼背体型纸样修正方法：将前衣片缩短，后衣片加长。具体方法是将前衣片前宽线处横向折叠并用大头针固定。根据折叠量决定前衣片的肩斜、领深下落量和后衣片的领深、肩斜提高量，提高和下落量均等于折叠量。

六、缝制工艺

（一）缝制工艺流程（图4-115）

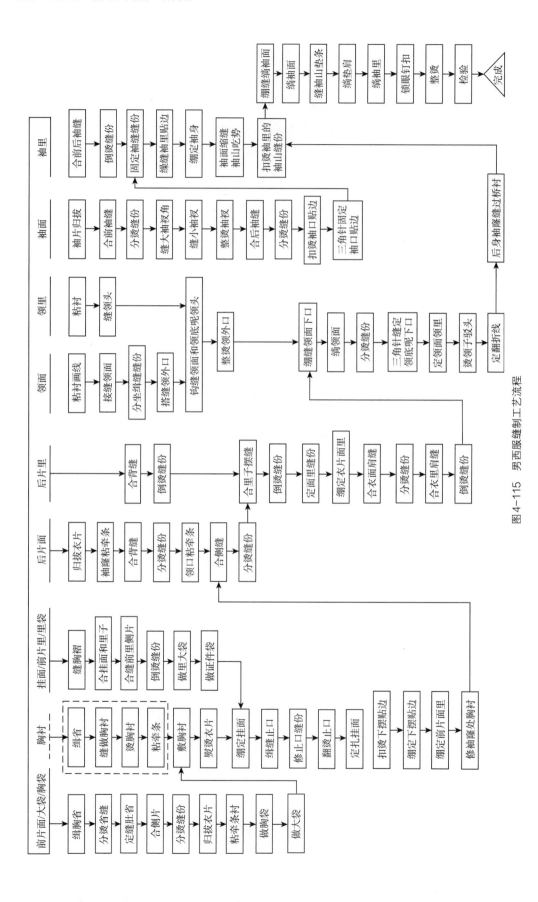

图 4-115 男西服缝制工艺流程

（二）缝制说明

缝制前，要将修改后的衣片修顺、随之调整线丁，修剪多余的缝份。

1.前衣片的缝制

（1）缝合前侧缝：前衣片上开肚省、缉胸省、分烫省缝并绷缝肚省，然后与侧片缝合前侧缝并分烫缝份，如图4-116所示。

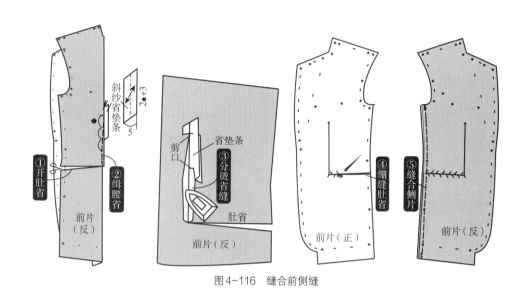

图4-116　缝合前侧缝

（2）前衣身定型：如图4-117所示，首先需要缉缝、黏合袖窿牵条衬，然后归拔衣片，定型后修剪多余的胸衬。

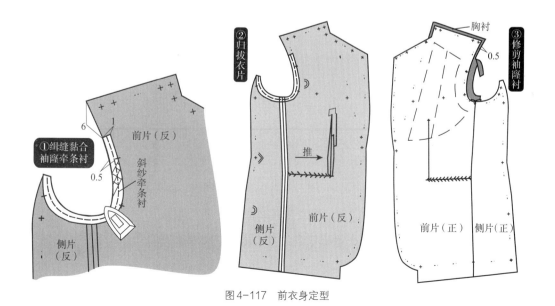

图4-117　前衣身定型

（3）做胸袋：具体制作工艺参见本章第一节中的"手巾袋"部分，在缝制胸袋时注意袋板两边的纱向要与衣片一致，袋布下端要手缝固定在省缝上。

（4）做大袋：具体制作工艺参见本章第一节中的"有袋盖挖袋"部分。缝制时，要求两袋盖的位置对称，尺寸、形状一致，袋角窝服，带盖里不反吐，袋布上端、下端要手缝固定在衣片的缝份上。如果面料有条格，袋盖的前端应该与衣身条格一致。

（5）敷胸衬：胸衬的制作与敷衬工艺参见本章图4-110。

（6）熨烫前衣片：将前衣片正面向上，在布馒头上熨烫肩部、胸部和止口处，使胸衬与前胸饱满服帖，止口处丝缕顺直。

（7）粘牵条衬：做好的前衣片需要粘牵条衬定型，具体方法和要求如图4-118所示。

2. 缝合前衣片里

（1）固定褶口：如图4-119所示，将胸褶两端的褶位对齐，机缝固定之后压烫褶边。

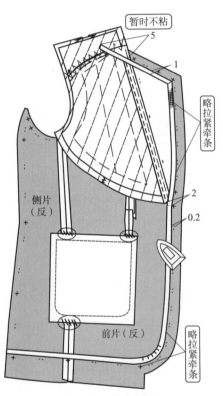

图4-118　粘牵条衬

图4-119　固定褶口

（2）做耳朵片：如图4-120所示，先在耳朵片的边缘包覆滚条，绱滚条采用正反夹缝式骑缝工艺；依据标记将包好边的耳朵片用大头针固定在里布上，然后沿滚条的缝口灌缝固定。

（3）缝合挂面与里子：如图4-121所示，首先在挂面反面画净线，修剪缝份，然后将前片里与挂面正面相对，挂面在上层，对齐标记缝合，起止针重合回针；其次将耳朵片上下两端对应位置处的挂面缝份打剪口，分烫耳朵片部分的缝份，其他部分缝份倒向前片里坐烫。

（4）缝合侧片里：如图4-122所示，缝合前片里与侧片里，注意缝份只缝1.2cm，起止针重合回针；将缝份沿净线坐烫，留0.3cm作为眼皮（松量）。

（5）做里大袋：制作工艺参见本章第一节中的"三角袋盖挖袋"部分。

（6）做证件袋：证件袋为单嵌线挖袋，制作方法参见本书第二章第一节中的"挖袋工艺"部分。

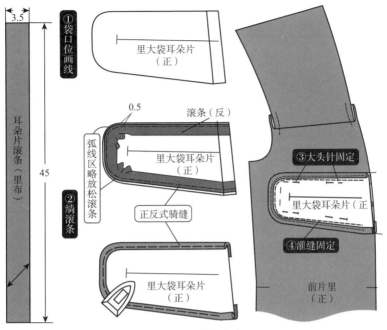

图4-120 做耳朵片

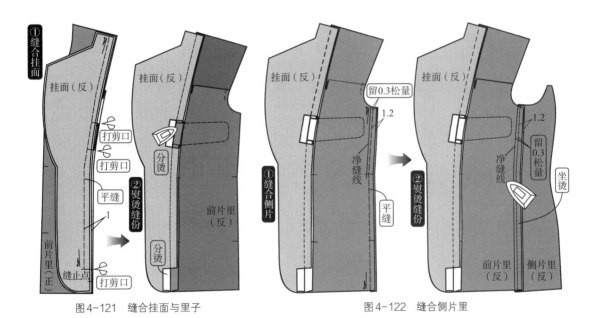

图4-121 缝合挂面与里子　　　　图4-122 缝合侧片里

3.敷挂面（图4-123）

①绷定挂面：将挂面与前衣身门襟和驳头正面相对，相应对位点对齐，用手缝针或别针暂时固定。

②机缝止口：挂面在上，以驳头止点为机缝起点，沿净缝线分别缝至绱领点和下摆缝止点，注意起止针倒回针。借助缝制模板可以保证缝合效果，同时降低操作难度。

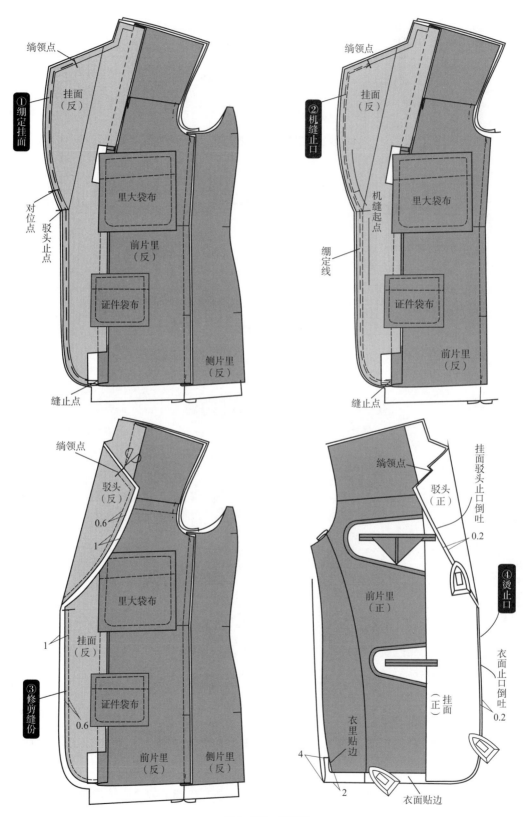

图4-123 敷挂面

③修剪缝份：以驳头止点为界，以下的衣身门襟止口缝份不变，挂面缝份修成0.6cm；以上的驳头部分挂面缝份不变，衣身缝份修成0.6cm。

④烫止口：翻正挂面，整烫驳头、门襟止口。要求驳头部分挂面止口要偏出0.2cm，门襟止口部分挂面止口要偏进0.2cm。之后将衣面、衣里下摆贴边向反面扣烫。

4.固定前身（图4-124）

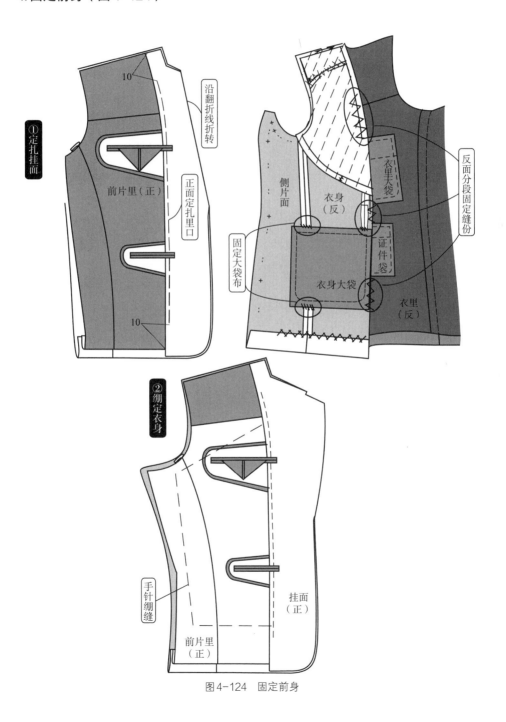

图4-124　固定前身

①定扎挂面：按穿着状态将驳头沿翻折线折转，然后沿挂面里口将面、里手工固定。掀开衣里露出挂面缝份，在图中画圈的位置用手针缭缝，将缝份固定在衣面的机织黏合衬上。注意定扎挂面时距离上下两端10cm以内不固定。

②绷定衣身：将衣片面、里手针绷缝固定。

5.缝后片

（1）合后片面：首先合后中缝，起止针重合回针，然后分烫缝份。

（2）合后片里：缝合里片时，缝份只缝1.2cm，然后沿净线坐烫，留出0.3cm松量（眼皮），如图4-125所示。

6.合前后衣片

（1）合摆缝：如图4-126所示，缝合衣片面的摆缝，分烫缝份，扣烫下摆贴边，手针定缝下摆贴边；缉缝衣片里摆缝，坐烫缝份，扣烫

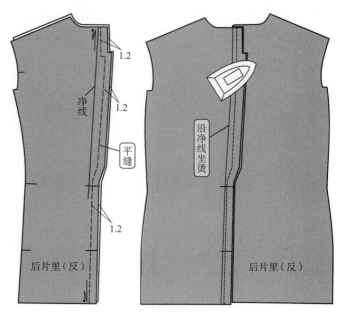

图4-125 合后片里

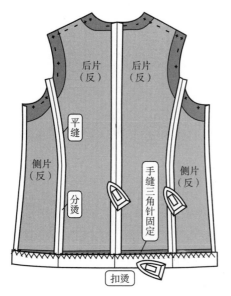
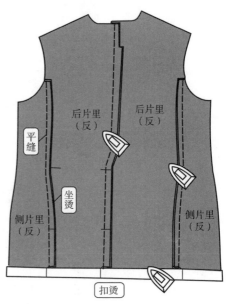

图4-126 合摆缝

下摆贴边。

（2）固定大身：如图4-127所示，整个衣身需要手缝固定面与里。

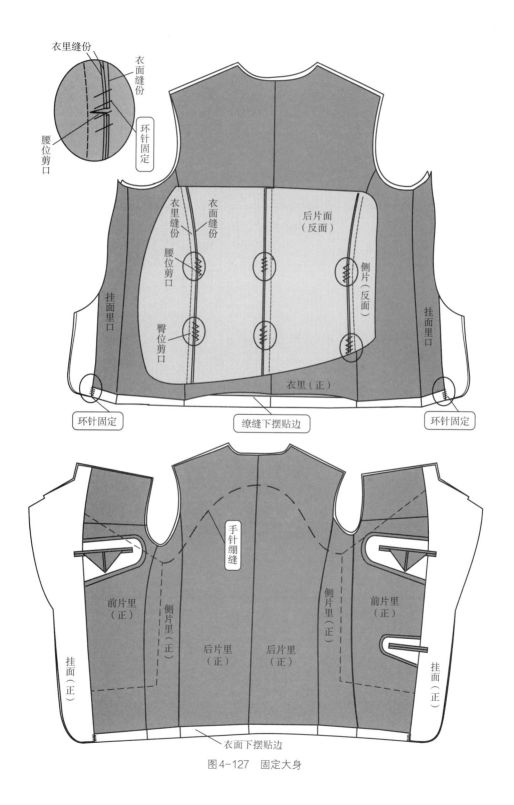

图4-127 固定大身

（3）合肩缝：如图4-128所示，先将衣面的前、后肩缝正面相对缝合，后衣片在下层，对位点对齐，起止针重合回针，注意不能缝住胸衬；将布馒头垫在肩缝下面，分烫肩缝，注意归拢后肩缝部位，将肩缝烫成弓形状；将超出肩缝的胸衬缝在后肩的缝份上；缝合衣里肩缝，然后将缝份向后片方向坐烫。

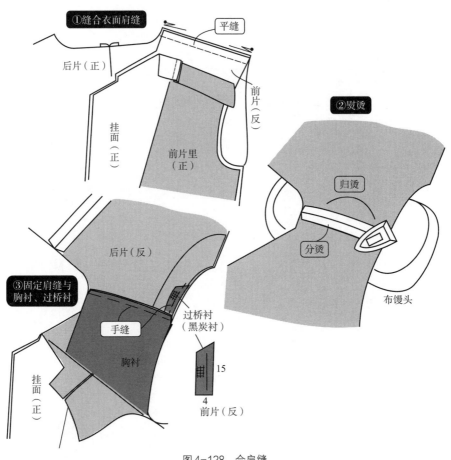

图4-128　合肩缝

7.做领（图4-129）

①做领面：领面反面画净样线，然后在翻领正面外口净线以外0.3cm处画线；缝合翻领与底领，缝份0.7cm，起止针重合回针；分烫缝份，然后做分缉缝。

②做领底呢：领底呢反面粘衬，然后在领头反面搭缝里子布（作为领底呢缝份）。

③缝合领外口：将领面与领底呢的止口搭缝，领底呢在上层，比齐领面正面的画线，先用大针脚绷缝，然后用多功能缝纫机曲折缝。

④缝合领前端：沿领底呢边缘钩缝领头至串口净线，起止针处倒回针。

⑤熨烫：翻正领子，压烫止口；围出领的立体造型，压烫翻折线的后中区域。

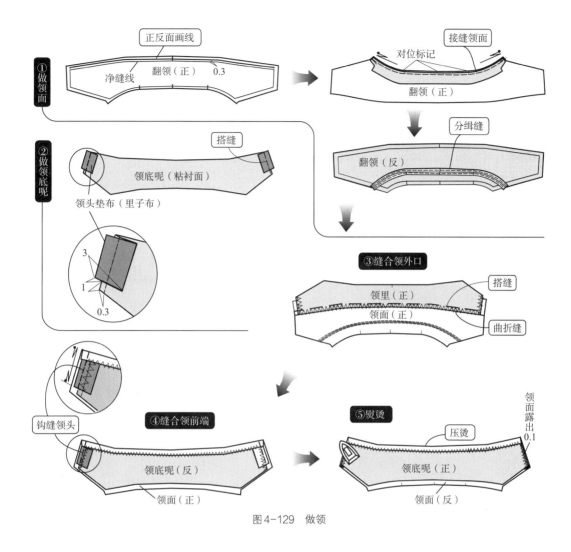

图4-129 做领

8.绱领

①绱领面：如图4-130所示，领面在上层，衣里领口在下层，对齐对位点，从绱领点起缝，缝至转角处，机针插入固定缝件，在挂面转角处的缝份内打剪口，然后铺平上下层继续缝，注意起止针重合回针；然后将领SNP处缝份打剪口，整烫绱领缝份。

②绱领里：用多功能机或手针采用三角针法将领里缝定在衣身领圈上。

③固定领面与领里：将领面放在上面，沿翻领与底领的接缝缝口灌缝，将领面与领里固定在一起。

9.做袖与绱袖

（1）做袖衩：袖衩的制作工艺参见本章第一节中的"开口式袖衩"部分。

（2）缝合袖面：如图4-131所示，先缉合前袖缝并分烫缝份；然后缉合后袖缝至超过贴边上口1cm处，在小袖衩转角处打剪口后将后袖缝缝份分缝熨烫；扣烫袖口贴边并用三角针缝定；再沿袖山拱针缝缩袖山吃势。

（3）做袖里：如图4-132所示，缝合袖里的前、后袖缝，缝份1.2cm；将袖里缝份沿净缝线向大袖方向坐烫，将0.3cm的未缝缝份作为松量。

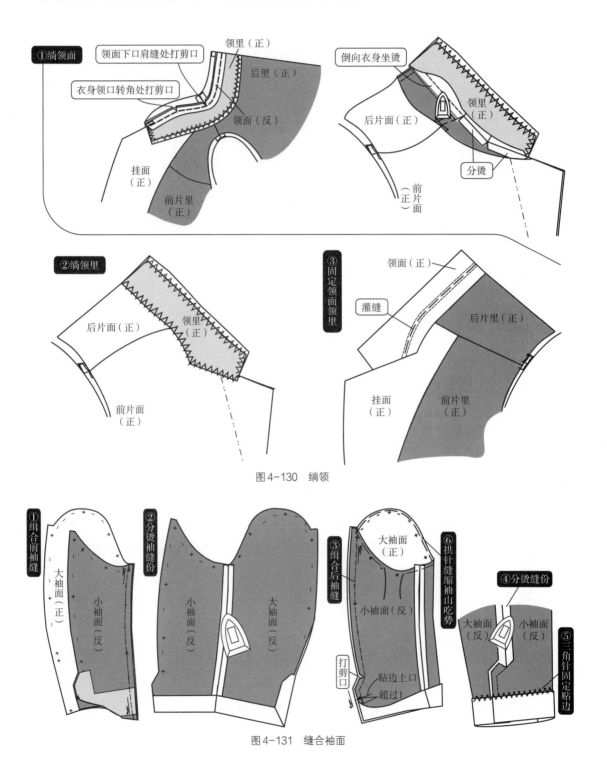

图4-130 绱领

图4-131 缝合袖面

（4）缝合袖面与袖里：如图4-133所示，将袖里反面朝外，袖口套在袖面的袖口外，用手针将袖里贴边缝定在大袖贴边上；袖里向上翻正至肘线处，理顺袖口、留出里子袖口眼皮，将袖里的前、后袖缝的缝份与大袖面缝份对齐标记，手缝固定几针；袖子翻至袖面朝外，理顺里与面的前、后袖缝，在袖肥以下10cm处手缝一圈绷定袖面与袖里；将缩缝袖山吃势的缝线抽紧3cm左右，理匀缩褶后在烫凳上熨烫，使

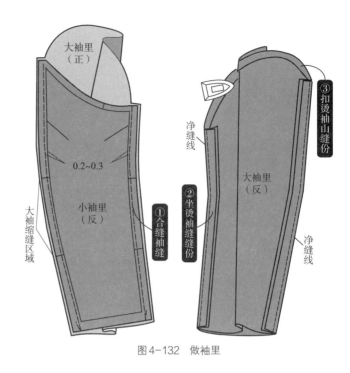

图4-132　做袖里

袖山头自然饱满、圆润。也可用机缝的方法缩缝袖山吃势，具体方法参见本章第二节"女西服缝制工艺"中的袖部分（图4-80）。

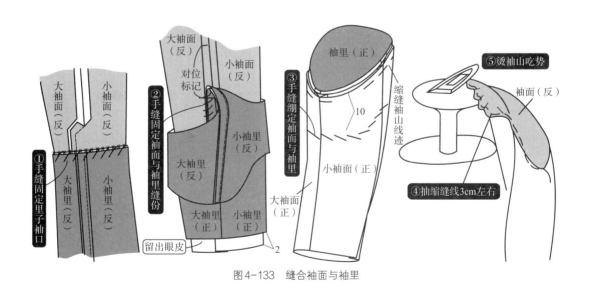

图4-133　缝合袖面与袖里

（5）绱袖面：如图4-134所示，将袖面与袖窿正面相对，对准相应的6组对位点，手缝将袖面暂时固定在袖窿上；观察袖与衣身的相对位置是否正确，确认满意后机缝绱袖。

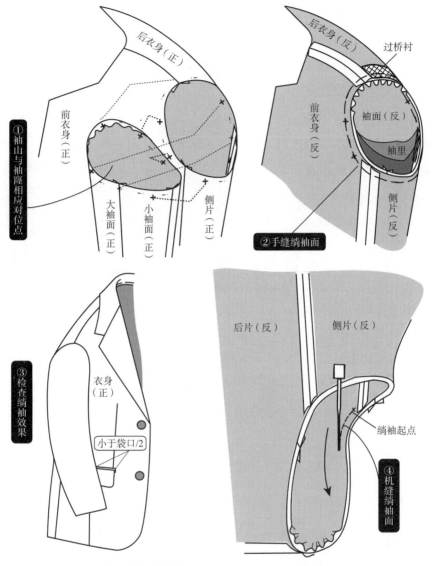

图4-134 绹袖面

（6）绹弹袖棉条：如图4-135所示，将弹袖棉条缝在袖山缝份上，注意缝份略小于绹袖面的缝份。

10.绹垫肩

如图4-136所示，垫肩对准肩缝定位并用大头针别合固定；翻至反面，将垫肩中部手缝固定在后肩缝上；翻至正面，沿袖窿将垫肩与衣身手针绷

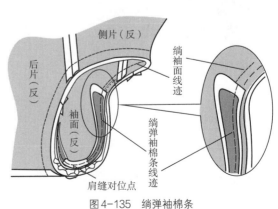

图4-135 绹弹袖棉条

定；翻至反面，手缝回针将垫肩固定在袖窿缝份上。

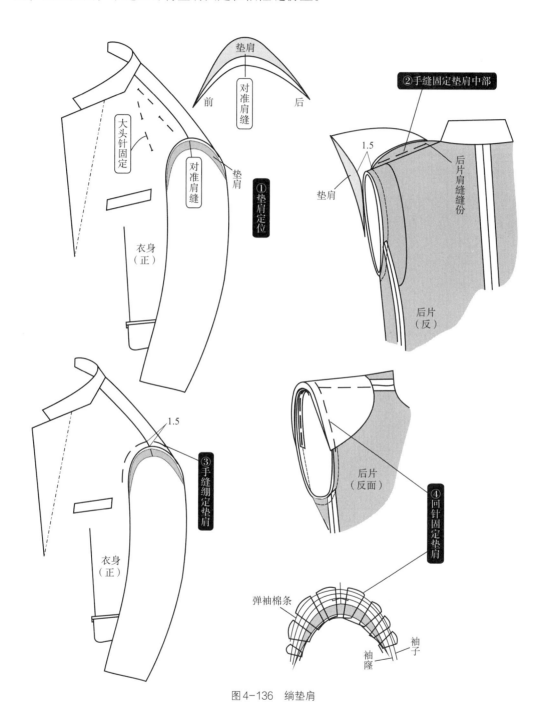

图4-136　绱垫肩

11.绱袖里

　　如图4-137所示，先将衣里袖窿手缝固定在垫肩与衣面的袖窿上，然后将袖里手缝绱在里子袖窿上。

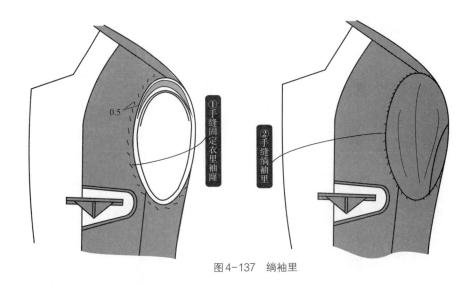

图 4-137 绷袖里

12.锁眼、钉扣

（1）锁眼：用定位样板画线确定扣眼位置，然后用圆头锁眼机锁扣眼。

（2）钉扣：用定位样板画线确定钉扣位置，然后手工钉扣，要求有线柱。

13.整烫

（1）整烫衣里：衣里朝上，将下摆拉开使底边顺直，把不平整之处熨烫平服，注意不能顺着下摆方向推移熨斗，以免下摆烫训；接着烫平后身，肩头和袖里要放在烫凳和袖枕上熨烫。

（2）烫摆缝：将衣服翻至正面，摆缝放在布馒头上，腰部丝缕拉直平烫，腰部上下稍做归拢。

（3）烫后身：将后中缝摆直，先平烫下部，然后腰部，上段归烫，领口和背部袖窿熨烫平服。

（4）烫止口：理顺门襟止口丝缕，烫实、压薄，条格面料要将条格烫顺直；熨烫驳头时只烫止口，不能压到翻折线；摆角需要放在布馒头上烫出窝势。

（5）烫挂面、驳头和领子：将挂面翻出，垫在布馒头上，烫出驳领窝势，左右两边对称，长短一致。

（6）烫袋、省、胸部、领底和袖子：将大袋盖摆正，条格面料要对上大身条格，垫上布馒头，保持袋口胖势；胸省要保持弓形，收腰处前拔后归；将驳头翻起，垫上布馒头熨烫胸部，使胸部椭圆形凸势烫圆顺；烫胸部时顺势向上将领底烫扁、烫薄，领口烫平；将袖子套在袖枕上，摆顺前、后袖缝熨烫平服，注意袖缝不能烫出折痕。

（7）烫驳口线：驳头沿驳口线向外折转，上接领翻折线，下至第一扣眼位，串口摆顺，驳口线拉直，由肩头压烫至驳口止点以上5cm处，顺势将领面沿翻折线熨烫平服。

（8）烫肩头、袖山：在肩头下垫烫凳，摆顺靠近领口处的丝缕，烫平肩头；用袖山烫板把袖山托起，在上面轻压烫顺圆势，不要烫出折痕。

七、思考与实训

按工艺要求做一件男西服，撰写相应的设计说明书，主要内容包括：款式图、款式说明、用料说明（面料和辅料）、结构图和毛样板图（1：5）、工艺流程图、缝制工艺方法及要求等。男西服的规格尺寸自定，工艺要求及评分标准见表4-8。

表4-8　男西服工艺要求及评分

项目		工艺要求	分值
外观	整体效果	整烫平挺，归拔合理	8
	里、面、衬	无极光、无烫出的黄斑、无水渍、无污渍、无线头等	4
规格		允许误差：胸围＝±1.5cm；衣长＝±1cm；肩宽＝±0.8cm；袖长＝±0.7cm；袖口＝±0.4cm	15
领子	领头	领形对称，领尖高低、左右一致，领窝齐顺	2
	串口、止口	串口顺直、长短一致，领止口顺直、不反吐	
	领面	不反翘	
	领子	翻领折线到位，领外口不紧不松	
	底领	底领面无皱褶，面、里帖服，宽度符合要求	
衣面	驳头	翻领松量适宜，不使驳口线高于或低于第一粒纽扣	2
		驳头面松紧适宜，驳口线顺直，外口圆顺，两侧对称	4
	门襟	止口长短一致，底角方正（或圆顺对称）	4
		止口平薄、不反吐、顺直	
	胸部	胸部丰满、挺括、服帖	4
		胸衬位置适宜、对称	
	手巾袋	袋板宽窄一致，翘势美观，袋口松紧适度	4
		缉线或暗缲美观，封结无毛漏，分缝平服	
	大袋	袋位高低、前后一致	8
		袋盖里、面松紧适宜，造型一致	
		嵌条宽窄一致，松紧适度、顺直，袋位方正	
		封结牢固，无毛漏	

续表

项目		工艺要求	分值
衣面	肩缝	肩缝顺直、平服，左右长短一致	2
	摆缝	摆缝顺直、平服，左右长短一致	2
	省缝	省缝位置准确，省尖无酒窝、顺直，分烫平服	2
	背缝	背缝顺直，后背平服	3
袖面	袖山	缩袖圆顺，吃势均匀	3
	袖筒	前后位置正确，两袖对称，袖筒顺直	2
	开衩	开衩长短一致，平服	3
	袖口	袖口大小对称	2
前后衣里	前衣里	肩缝顺直、对称	4
		挂面与耳朵皮的接缝顺直，无皱褶	
		里袋袋口方正，袋口封结牢固，嵌条宽窄一致	
		底边圆顺，衣里与底边宽窄一致	
	后衣里	肩缝、摆缝顺直，摆缝有坐势	2
		背缝顺直，有坐势	
	袖里	袖山吃势均匀，圆顺	3
		机缝袖里，绷线至少占到1/2以上，前、后袖缝绷线固定	
		里、面袖缝无错位	
		袖口里子有眼皮	
		垫肩位置适宜，绷线不紧	
		袖里与袖口边宽窄一致，顺直	
线迹	机缝	暗线顺直，针距达到标准，无断线、跳线	3
	手缝	无毛漏现象，针距适宜，针迹美观	2
		缲针松紧适宜、牢固	
锁钉	锁眼	扣眼位置正确，大小合适，针迹均匀	2
	钉扣	钉扣牢固、位置正确，有线脚，袖衩装饰扣扣距均匀	2

实践训练与技术理论

课题名称： 中式女装工艺

课题时间： 24课时

课题内容： 汉服缝制工艺（8课时）

旗袍缝制工艺（16课时）

教学目的： 通过对汉服和旗袍缝制工艺的学习，使学生系统地掌握旗袍、汉服上衣和下裙的缝制工艺，明确质量要求，提高学生的动手能力、实际操作能力。通过训练使学生更深入地理解专业课程，同时在教学过程中融入传统服饰中的中式审美、精益求精的工匠精神等思政元素，使学生坚定文化自信，培养学生举一反三的创新能力。

教学方式： 理论讲授、展示讲解和实践操作相结合，同时根据教材内容及学生具体学习情况灵活制定训练内容，依托基本理论和基本技能的教学，加强课堂与课后训练，安排必要的线下、线上辅导，强化拓展能力。

教学要求： 1.了解汉服和旗袍面料的选购方法。

2.掌握汉服和旗袍样板的放缝要点、排料方法。

3.掌握汉服和旗袍的缝制程序和技术。

4.掌握汉服和旗袍的缝制工艺质量标准。

第五章　中式女装工艺

随着我国文化自信的增强，"新中式""复古风""汉服热"不仅是设计师热衷的时尚元素，也成为消费大众所追捧的潮流。中式女装包括中华五千年历史发展过程中涌现出的各式女性传统式样的服装，这些服装既融合了多民族的悠久文化，又体现了极具东方特色的含蓄美，主要品类包括襦裙、曲裾、褙子、旗袍等。中式服装具有很多精细、繁复的制作工艺，这些传承千年的制衣工艺，是中国文化与智慧的结晶，目前仍无法被机器完全取代，主要包括镶（镶边）、滚（滚边）、嵌（嵌条）、盘（盘扣）、绣（刺绣）等。旗袍受西方服饰文化的影响，加入省道，可以更好地体现女性的身体曲线。本章主要对中式女装中的交领上衣、马面裙、旗袍三种款式的结构及基础工艺进行阐述，复杂的装饰工艺本章不做叙述。

第一节　汉服缝制工艺

课前准备

一、材料准备

（一）面料

1.面料选择：上衣面料材质适合选择棉、麻、丝或化纤类织物等，不同的质感呈现出的服装外观有较大差别，常用的面料有雪纺、竹节棉、织锦缎、色丁等。下裙面料适合选择略厚重的绸缎类织物，有的马面裙专用面料上有横向图案，可用于裙襕装饰。

2.面料用量：幅宽144cm，上衣用量约为190cm，下裙用量为400cm。幅宽不同时，根据实际情况加减面料用量。

（二）其他辅料

1.黏合衬：中等厚度非织造衬，幅宽90cm，长度约50cm。

2.缝线：准备与使用面料颜色及材质相符的机缝线。

3.打板纸：绘图纸2张。

二、工具准备

备齐制图常用工具与制作常用工具。

　　汉服是中华传统服饰的代表，品类多样。在参考古代汉服形制的基础上，现代汉服的制作可采用现代的面料和纹样增加实用性与时尚感，也可以适当做出改良以适应现代生活的节奏。

一、款式特征概述

　　本款汉服上衣为交领琵琶袖短衫（单层无里），衣长至臀围，前、后衣身均有中缝，袖身处有分割，无肩缝，有领缘、袖缘，侧缝处有开衩，衣领、腋下、下摆处均为弧线状，衣身侧缝处两侧均有系带。下裙为马面裙，缠裹式穿着方式，左右两片裙在前、后均有重叠，前后左右各有五个顺风褶，均倒向侧缝，宽腰头，腰头左右两侧有系带，如图5-1所示。

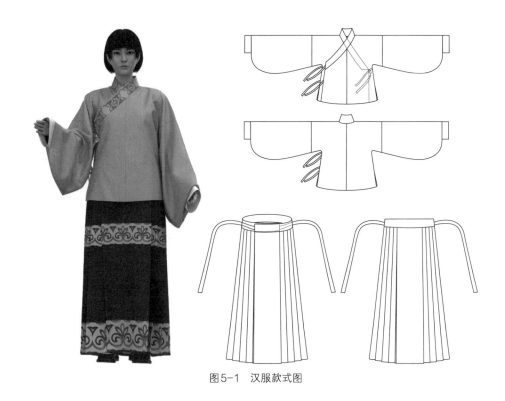

图5-1　汉服款式图

二、结构制图

（一）上衣制图规格（表5-1）

表5-1　上衣制图规格表　　　　　　　　　　　　单位：cm

号/型	胸围（*B*）	衣长（*L*）	通袖长（SL）	袖口宽（CW）	领缘宽	袖缘宽
160/84A	84+8	63	192	16	6	6

（二）上衣制图

上衣为前后连裁的十字结构，右侧衣身与左侧衣身基本对称，未标注部分参照左侧衣身，领缘为左右整体结构，袖片为前后对称结构，如图5-2所示。

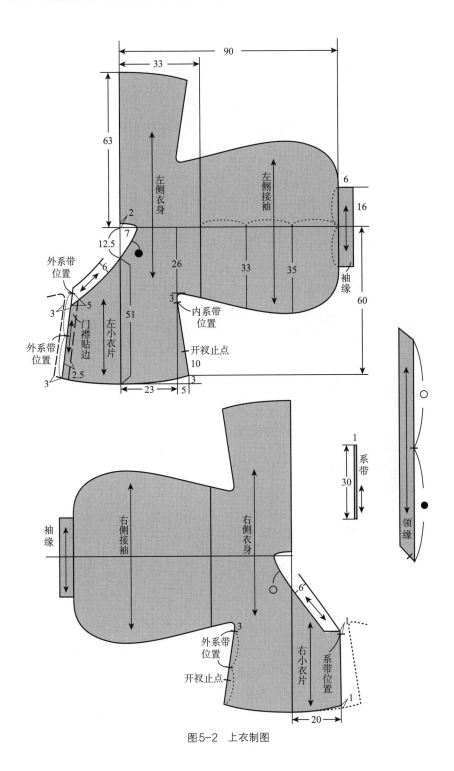

图5-2 上衣制图

（三）马面裙制图规格（表5-2）

表5-2　马面裙制图规格表　　　　　　　　　　　　　　　　　　　单位：cm

号/型	腰围（W）	裙长（L）	马面宽	腰头宽	系带长	系带宽
160/68A	68+2	104	25	8	100	3

（四）马面裙制图

马面裙由四个裙片组成，两两连接后形成两个裙门，重叠后连接在一个腰头上，穿着时在前中及后中均有重叠量，即马面。在制作马面裙时，为使面料得到最大程度的利用，结构设计时依据面料幅宽计算。计算方法如下：

幅宽=144cm

n（折裥个数）=5

▲=（腰围/4−马面宽/2）÷（n−1）=1.25（cm）

■=（幅宽−14−腰围/4−马面宽/2）÷n=20（cm）

四个裙片中，左前及右后两片如下图所示，左后及右前两裙片为对称结构，如图5-3所示。

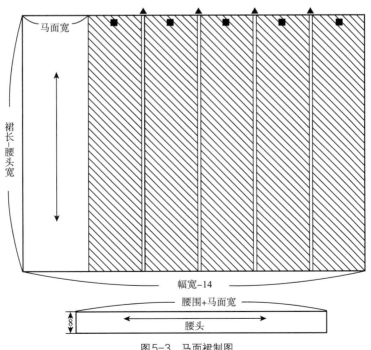

图5-3　马面裙制图

三、放缝与排料

汉服的全套样板明细见表5-3。

表5-3 样板明细表

项目	序号	名称	裁片数	标记内容
上衣样板（C）	1	左侧衣身	1	纱向、对位标记
	2	左小衣片	1	纱向、对位标记
	3	门襟贴边	1	纱向、对位标记
	4	右侧衣身	1	纱向、对位标记
	5	右小衣片	1	纱向、对位标记
	6	左侧接袖	1	纱向、对位标记
	7	右侧接袖	1	纱向、对位标记
	8	领缘	1	纱向、对位标记
	9	袖缘	2	纱向
	10	系带	6	纱向
裙子样板（D）	1	左裙前片	1	纱向
	2	左裙后片	1	纱向
	3	右裙后片	1	纱向
	4	右裙前片	1	纱向
	5	系带	2	纱向
	6	腰头面	1	纱向
	7	腰头里	1	纱向
非织造黏合衬样板（F）	1	门襟贴边衬	1	纱向
	2	领缘衬	1	纱向
	3	袖缘衬	2	纱向
	4	腰头面衬	1	纱向
	5	腰头里衬	1	纱向

上衣放缝与排料如图5-4所示（样板编号代码C），裙子放缝与排料如图5-5所示（样板编号代码D）。图中未标明的部位放缝量均为1cm。

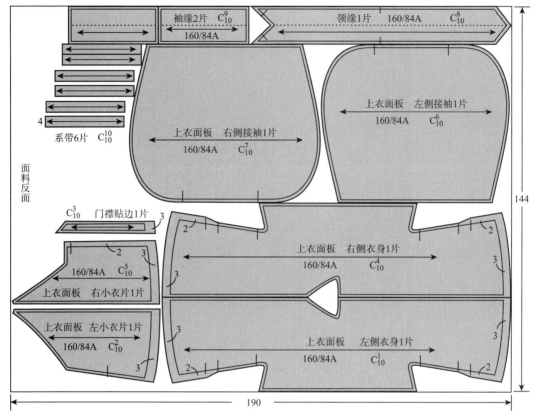

图5-4 上衣样板放缝与排料

四、缝制工艺

（一）缝制工艺流程图

上衣的缝制工艺流程如图5-6所示，裙子的缝制工艺流程如图5-7所示。

（二）缝制准备

1.检查裁片

（1）检查数量：对照排料图，清点裁片是否齐全。

（2）检查质量：认真检查每个裁片的用料方向、正反形状是否正确。

（3）核对裁片：复核定位、对位标记，检查对应部位是否符合要求。

2.画线

需要准确定形的部位，在裁片反面画线。

3.粘衬

门襟贴边、领缘及袖缘的反面粘非织造黏合衬，扣烫门襟贴边的里口缝份。

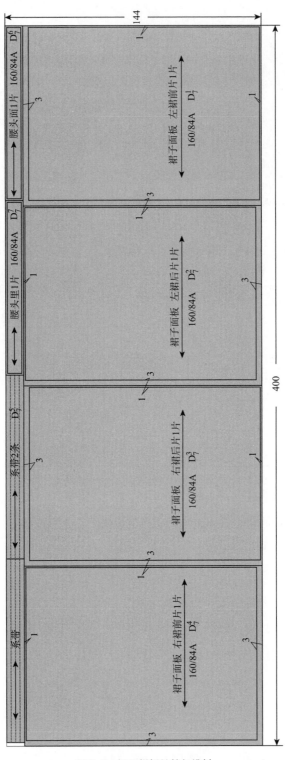

图5-5　裙子样板放缝与排料

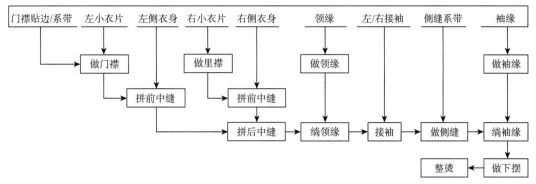

图5-6 上衣缝制工艺流程

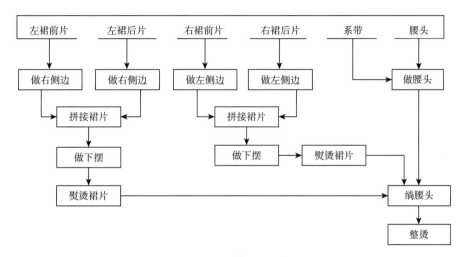

图5-7 裙子缝制工艺流程

4.制作系带

将备好的面料采用四折明缝的方法做净，如图5-8所示。制作系带也可以采用四折暗缝的方法，先反面平缝后再翻正，表面无线迹。

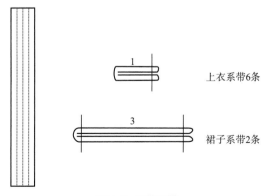

图5-8 制作系带

（三）上衣缝制说明

1.做门襟止口

门襟贴边与左小衣片正面相对钩缝止口，在标记处夹入系带并重合回针加固；压缉缝固定贴边的里口。

2.做里襟止口

卷边缝里襟止口。

3.拼前中缝

采用来去缝，分别将左右衣片与对应的小衣片的前中缝进行拼接。

4.拼后中缝

采用来去缝连接左右衣片的后中缝。

5.制作领缘

（1）熨烫两侧：熨烫领缘两侧的缝份及对折线，为了便于缝领缘，整理好缝份后的里层应略宽于表层，如图5-9所示。

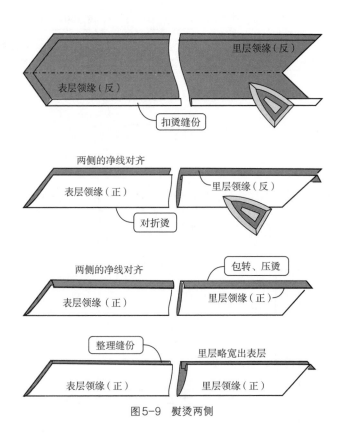

图5-9 熨烫两侧

（2）做两端：分别将领缘两端正面相对叠合，系带夹入两侧之间，从反面沿两端净线钩缝，缝至装领缘净线，注意起止针重合回针，如图5-10所示。将领缘转角处缝份修剪至距净线0.2cm，翻正并压烫两端。

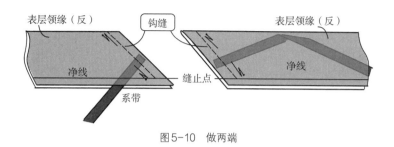

图5-10　做两端

6.绱领缘

从内层小衣片水平线一端起，采用正反暗缝式骑缝（灌缝）的工艺绱领缘，表面无明线。

7.接袖

将左、右侧的接袖分别与衣片采用来去缝连接。

8.做侧缝

采用卷边缝，分别固定衣片的开衩贴边，顺势折净开衩止点以上过渡区域的缝份；采用来去缝，分别缝合左、右侧缝及袖缝；在开衩止点处打套结或者重合回针加固。

9.制作袖缘

制作袖缘的方法和制作领缘的方法类似，先熨烫袖缘两侧的缝份及双折边，注意袖缘的内层要比表层宽出0.1cm；然后展开袖缘接缝两端，使得袖缘成筒状，分烫缝份后沿之前的烫印将双层袖缘整理平服。

10.绱袖缘

在袖片的袖口止点处打剪口，一趟式骑缝绱袖缘，表面有明线。

11.做下摆

折边缝固定下摆，如果面料较透明，则采用卷边缝的方式。

12.整烫

前中、后中及侧缝熨烫平整，领缘、袖缘压实，下摆铺平烫实，完成后应面、里无皱，无光，无污。

（四）裙子缝制说明

1.处理裙片两侧

将四个裙片两侧的缝份分别做卷边缝，贴边净宽1.5cm。

2.拼接裙片

取相对应的两裙片，将中间1cm的缝份拼缝，并劈缝烫平。

3.处理下摆

将四个裙片下摆的缝份分别做折边缝，贴边净宽2cm。

4.熨烫裙裥

裥的折叠方法如图5-11所示，前、后裙片的第一对裥在侧缝处相对，空▲后折第二对裥，依次进行，共5对，裥大小相等，上下同宽，分别找到裙片上下口的叠裥位置后，可两人用力拉直面料，再用熨斗压烫，也可单人画出准确的折叠线后从上到下压烫。

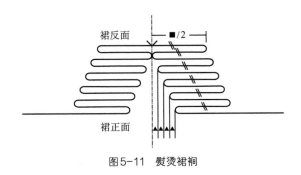

图5-11 熨烫裙裥

5.做腰头

将腰头面与腰头里正面相对，沿净线钩缝两端及上口，并将系带夹入腰头两侧。

6.绱腰头

（1）将左右裙片的马面部分重叠，右裙片正面在上，左裙片在下，绷缝固定位置后将腰头采用骑缝的方式绱在左右裙片上，腰头平铺状态如图5-12所示。

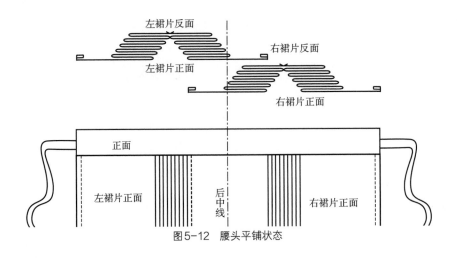

图5-12 腰头平铺状态

（2）如图5-13所示为穿着时腰头以及裙片状态，前中处左裙片在外，右裙片在内，后中处则相反。

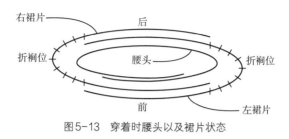

图5-13　穿着时腰头以及裙片状态

7.整烫

腰部、折裥平铺熨烫平整，下摆铺平烫实，完成后应面、里无皱，无光，无污。

五、思考与实训

设计一套汉服，按工艺要求完成裁剪与缝制，规格尺寸自定，工艺要求及评分标准见表5-4。

撰写汉服设计说明书，主要内容包括：作品名称、款式图、款式说明、用料说明（面料和辅料）、结构图和毛样板图（1:5）、工艺流程图、缝制工艺方法及要求等。

表5-4　汉服工艺要求及评分标准

项目		工艺要求	分值
规格	上衣	允许误差：胸围＝±2cm；衣长＝±1cm；袖长＝±1cm	9
	裙子	允许误差：腰围＝±1cm；裙长＝±1cm	6
领缘		平服，止口不反吐，线迹整齐，上下层连接牢固，不拧不皱	10
袖缘		不拧不皱，连接平整，宽窄一致，左右对称，上下层连接牢固	10
袖缝		两侧弧度对称，顺直，平服	2
门襟		交领门襟平整，无拉伸变形，前中拼接顺直平整	10
上衣侧缝		顺直，左右长短一致	5
上衣开衩		前后长度一致，不翘不拧，套结牢固	5
下摆、裙侧边		宽度一致，止口均匀	5
裙折裥		上下宽度一致，左右间距均匀，烫迹线顺直	10

续表

项目	工艺要求	分值
裙腰	平服，宽度一致，不拧不皱，连接牢固	10
线迹	明暗线迹整齐、顺直、美观，无跳线、断线	5
系带	明线宽度一致，不拧不皱，连接牢固	3
整烫效果	平挺整洁，无光，里面松紧适宜	10

第二节　旗袍缝制工艺

课前准备

一、材料准备

（一）面料

1.面料选择：面料材质适合选择丝、棉或化纤类织物等。夏季穿用的旗袍，面料应选择真丝双绉、绢纺、电力纺、杭罗等真丝织品。该织品质地柔软、轻盈不粘身、舒适透凉。春秋季穿用的旗袍，面料应选用各种缎和丝绒类织物，如织锦缎、古香缎、金玉缎、绉缎、乔其立绒、金丝绒等。

2.面料用量：幅宽110cm，用量＝裙长＋袖长＋10cm，约为170cm。幅宽不同时，根据实际情况加减面料用量。

（二）里料

1.里料选择：与面料材质、色泽、厚度相匹配的里料。

2.里料用量：幅宽144cm，用量为衣长＋5cm，约为110cm。

（三）其他辅料

1.黏合衬：薄型机织衬8cm×40cm，中等厚度非织造衬10cm×40cm。直纱牵条约300cm，斜纱牵条约60cm。

2.盘扣：旗袍一般用盘扣，可以用与滚条相同的面料制作，也可以购买适合的成品盘扣。

3.拉链：需要约40cm长度的隐形拉链一条，要求与面料顺色。

4.滚条：滚条宜选择较柔软轻薄、富有光泽的单色面料，颜色与面料色对比度要大，而且要协调。

5.缝线：准备与使用面料颜色及材质相符的缝线。

6.打板纸：绘图纸3张。

二、工具准备

备齐制图常用工具与制作常用工具，准备隐形拉链压脚。

三、知识准备

提前准备女装上衣原型衣片净样板，复习盘扣制作工艺及裙装隐形拉链门襟工艺。

旗袍在中国女性传统服饰中具有代表性意义，其源于满族的旗服。20世纪上半叶，民国服饰设计师在旗服的基础上融入西洋服饰文化元素，对旗袍进行设计改良，目前旗袍已经逐渐演变成为具备中西服饰特色的一类女装。

一、款式特征概述

本款旗袍造型合体，收腰、包臀、下摆内收。具体款式为圆角立领，偏圆大襟，腋下收胸省，前后左右各收一个腰省，两侧开衩。全挂里，领止口和袖口滚边，门襟钉盘扣，如图5-14所示。

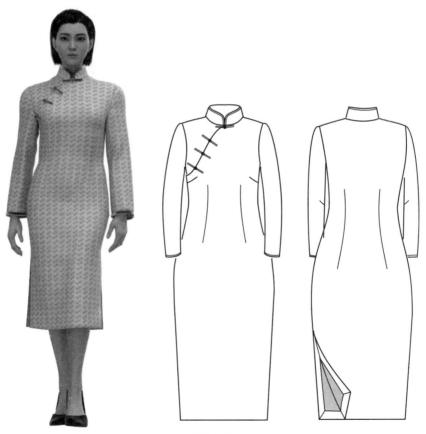

图5-14　旗袍款式图

二、结构制图

（一）制图规格（表5-5）

表5-5　旗袍制图规格表　　　　　　　　　　　　　　　　　　单位：cm

号/型	胸围（B）	腰围（W）	臀围（H）	领围（N）	肩宽（S）	裙长（L）	袖长（SL）	领高
160/84A	84+8	66+6	90+4	40	39.4	105	52+1	4.5

（二）上衣原型的调整

旗袍结构需要在上衣原型的基础上进行调整，如图5-15所示。

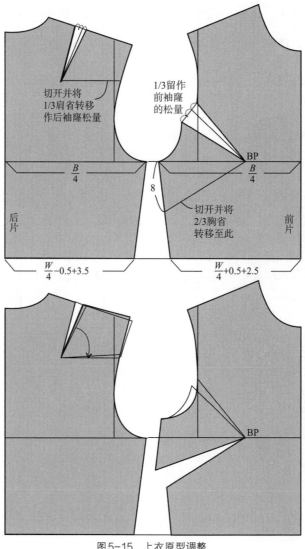

图5-15　上衣原型调整

（三）旗袍制图（图5-16）

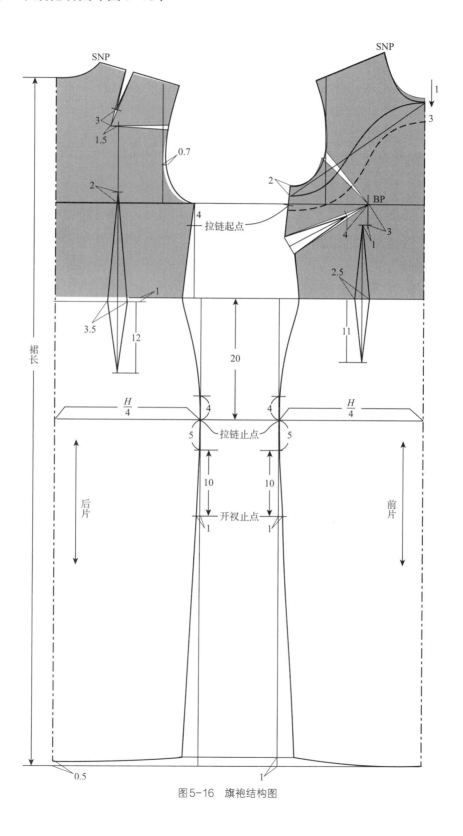

图5-16 旗袍结构图

（四）袖子与立领制图（图5-17）

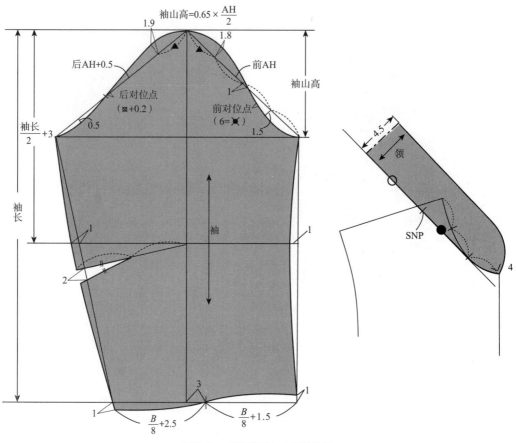

图5-17　旗袍袖子与立领结构图

三、放缝与排料

旗袍的全套样板明细见表5-6。

表5-6　样板明细表

项目	序号	名称	裁片数	标记内容
面料样板（C）	1	前片	1	纱向、扣位、省位、腰围线、臀围线、开衩止点、下摆净线、缡领对位点、缡袖对位点
	2	前片底襟	1	纱向、缡领对位点、缡袖对位点
	3	后片	1	纱向、省位、腰围线、臀围线、开衩止点、下摆净线、缡领对位点、缡袖对位点
	4	袖片	2	纱向、省位、肘线、缡袖对位点

续表

项目	序号	名称	裁片数	标记内容
面料样板（C）	5	领片	2	纱向、领后中点、颈侧点
	6	贴边	1	纱向、前中点
里料样板（D）	1	前片	1	纱向、扣位、省位、腰围线、臀围线、开衩止点、下摆净线、绱领对位点、绱袖对位点
	2	前片底襟	1	纱向、绱领对位点、绱袖对位点
	3	后片	1	纱向、省位、腰围线、臀围线、开衩止点、下摆净线、绱领对位点、绱袖对位点
	4	袖片	2	纱向、省位、肘线、绱袖对位点
机织黏合衬样板（E）	1	领面衬	2	纱向
非织物黏合衬样板（F）	1	领里衬	1	纱向

面料放缝与排料如图5-18所示，里料放缝与排料如图5-19所示。图中未标明的部位放缝量均为1cm。

四、缝制工艺

（一）缝制工艺流程（图5-20）

（二）缝制准备

1.检查裁片

（1）检查数量：对照排料图，清点裁片是否齐全。

（2）检查质量：认真检查每个裁片的用料方向、正反形状是否正确。

（3）核对裁片：复核定位、对位标记，检查对应部位是否符合要求。

2.画线

找到需要准确定形的部位，在裁片反面画线，如门襟止口净线、省位等。

（三）缝制说明

1.做省道（图5-21）

（1）收省：沿省中线折叠省缝然后沿省边线缝合，省口处重合回针、省尖处手工打结。

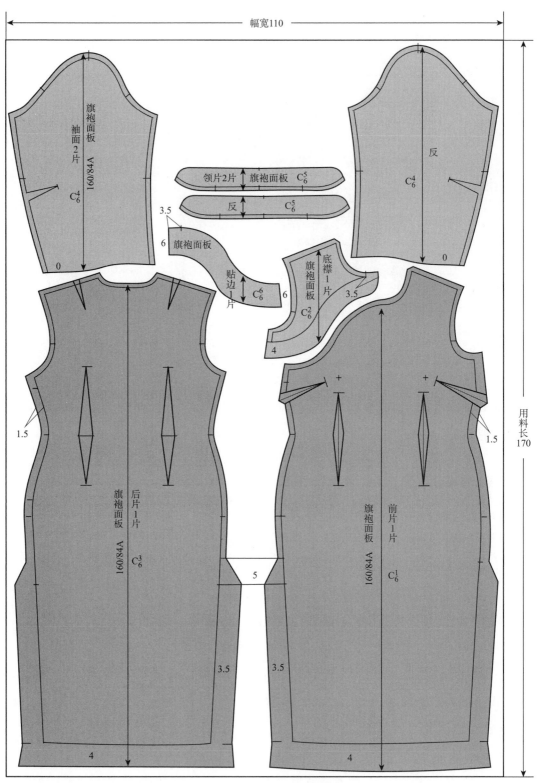

幅宽110

用料长170

旗袍面板

袖面2片

160/84A

C_6^4

反

C_6^4

领片2片 旗袍面板 C_6^5

反 C_6^5

3.5

6 旗袍面板

贴边1片 C_6^6

6

底襟1片 旗袍面板 C_6^2

3.5

4

1.5

旗袍面板

后片1片

160/84A C_6^3

1.5

旗袍面板

前片1片

160/84A C_6^1

5

3.5 3.5

4 4

图5-18 面料放缝与排料图

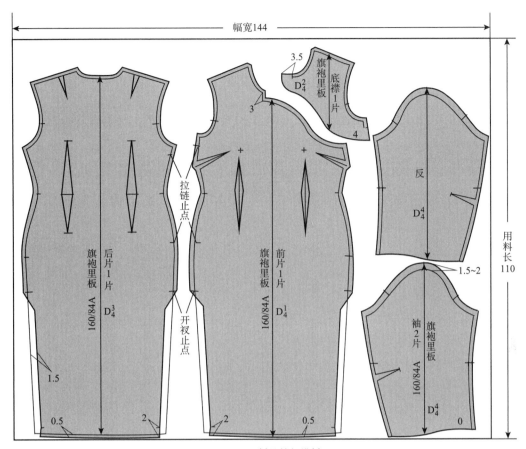

图5-19 里料放缝与排料图

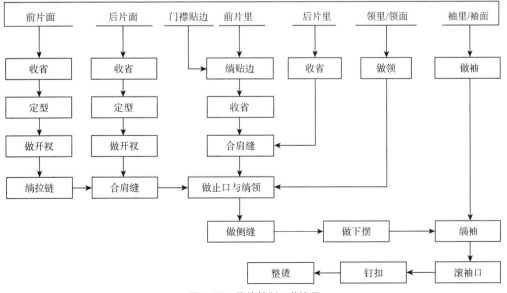

图5-20 旗袍缝制工艺流程

（2）烫省：腰省分别倒向前、后中心线，肩省倒向后中心线，腋下省倒向袖窿底。为使熨烫平服，腰省省份的中段需要打斜剪口。如果面料较厚，可以将收好的省缝沿中心剪至距省尖5cm处，剪开的毛边用手针绕缝，然后分烫。

2.裙片定型

（1）归拔：将前片侧缝腰部拔开，袖窿处略归拢，腹高区相应侧缝处要略向腹部中心位置归拢，腹部中心要稍拔开，腰省上尖点及胁省尖处要向BP区域归拢，腰省下尖点区域要向腹高区略推，以使BP区归出明显的凸势。后片侧缝臀部向臀高区归拢，腰省尖分别向臀高区和背高区略推，如图5-22所示。

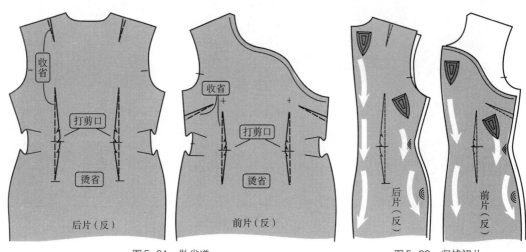

图5-21　做省道　　　　　　　　图5-22　归拔裙片

（2）粘牵条衬：为保持归拔后的裙片形状，在前大襟止口、底襟下口、开衩、后片侧缝等处粘牵条衬，直线部位粘直纱牵条，曲度较大的部位粘斜纱牵条。牵条外沿比净缝线缩进0.1cm，如图5-23所示。

3.做开衩

扣烫开衩贴边及下摆贴边，转角处对角线拼缝至净线处，如图5-24所示。

4.绱隐形拉链

（1）合左侧缝：将前、后裙片正面

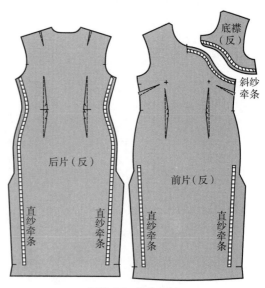

图5-23　粘牵条衬

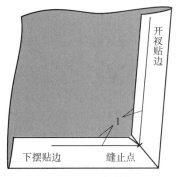

图5-24 下摆拼角

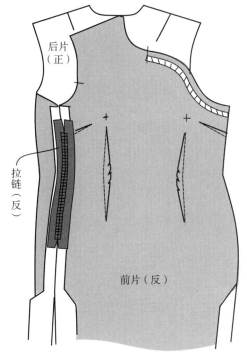

图5-25 绱隐形拉链

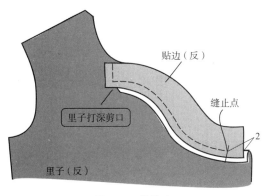

图5-26 缝贴边

相对，比齐对位点缝合左侧缝。注意绱拉链区域不缝，起止针处重合回针。腰节线上下区域的缝份打剪口后分烫，如图5-25所示。

（2）绱拉链：参见连衣裙绱拉链的方法，需用专用压脚。

5.做裙片里

将门襟贴边与前片里子拼缝，距侧缝2cm处止缝，如图5-26所示；然后前后片分别收省、烫省，省缝倒向与裙面相反。

6.合肩缝

将裙面前、后片肩缝正面相对缝合，然后分烫缝份；裙里前、后片肩缝也相对缝合，缝份倒向后片。

7.做领

做领的具体制作工艺步骤如图5-27所示。

①粘衬：领面粘机织黏合衬（净衬），领里粘非织造黏合衬（全衬）。

②绷缝：领里与领面反面相对叠合，比齐止口绷缝固定。

③装滚条：采用骑缝法装滚条，如果表面不允许有线迹，可以先机缝暗缝滚条的表层，再用手针固定滚条的内层。

8.做止口与绱领

钩缝底襟、门襟及绱领可以一条线连贯完成，如图5-28所示。

（1）钩缝底襟：将底襟里、面正面相对，对准对位点，距侧缝2cm处开始钩缝底襟下口，缝至绱领起点暂停。

（2）绱领：将做好的立领夹在里、

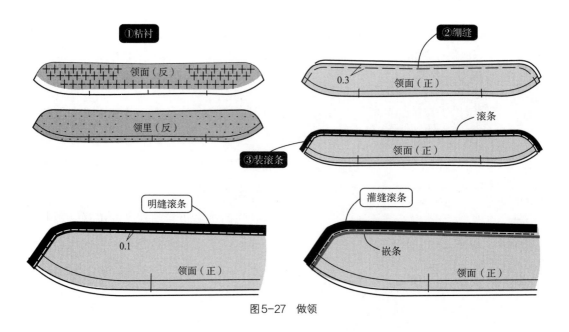

图5-27 做领

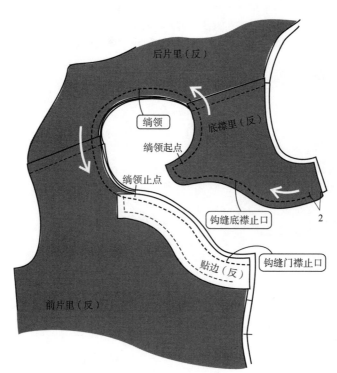

图5-28 钩止口与绱领

面之间；不断线继续缝合，注意对准四层记号，缝至门襟一侧绱领止点暂停。

（3）钩缝门襟：不断线，接着缝合门襟止口，缝至侧缝处重合回针后收针。

（4）烫止口：将底襟、门襟正面翻出，烫平止口。

9.做侧缝（图5-29）

（1）合裙里左侧缝：对应裙面拉链起点与止点，里子上下分别少缝1.5cm；下端缝至距开衩止点1cm处止针，倒回针固定。

（2）固定里子与拉链：里子缝份正面与拉链反面相对，比齐缝份边缘后缝合，缝份1cm。上下端1.5cm内斜向缝合，形成过渡。

（3）合裙面右侧缝：掀开里子，临时绷缝固定门襟（连同贴边）；对准底襟面侧缝对位点，将前片完整的侧缝与后片侧缝缝合至开衩止点。

（4）合裙里右侧缝：底襟里与前片里在侧缝处正好对接，形成完整的前侧缝，再与后侧缝缝合，距开衩止点0.5cm处止针，倒回针固定。

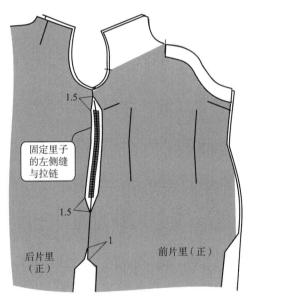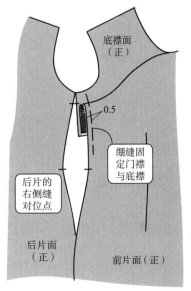

图5-29　做侧缝

10.做下摆

钩缝裙面与裙里的开衩及下摆贴边处，里子开衩止点斜角处需要打剪口后再缝合，如图5-30所示。

11.做袖

分别做袖里与袖面，如图5-31所示。

（1）归拔袖片：拔开前袖缝肘位。

（2）收肘省：分别缝合袖里与袖面肘省，袖面省缝倒向袖山方向，袖里省缝倒向相反方向，省尖要烫平服。

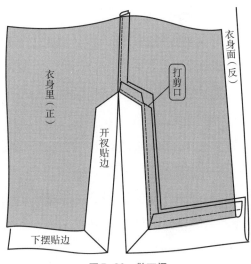

图 5-30　做下摆

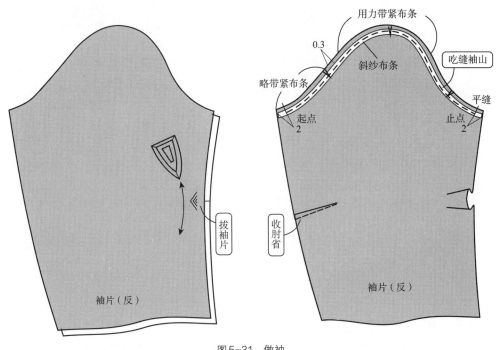

图 5-31　做袖

（3）合袖缝：分别缝合袖里、袖面的袖缝；缉缝袖里时，距净缝线0.3cm缝合；袖面缝份劈缝，袖里缝份沿净线倒向后侧。

（4）抽袖山：袖里用机器大针脚车缝，抽缩袖山吃势；袖面用1.5cm宽的斜纱白布条缝缩吃势，缩缝后的袖山与袖窿长度基本一致，在专用烫板上将袖山吃势烫圆顺。

（5）固定肘部：袖面与袖里的袖缝缝份相对，比齐袖口，在肘部区域将面与里的缝份手缝固定。

12. 绱袖

（1）绱袖面：袖面与裙面袖窿正面相对缝合。注意对准对位点，先绷缝后车缝，如图5-32所示。

（2）绱袖里：袖里与裙里袖窿正面相对缝合。同样注意对准对位点。

13. 滚袖口

袖面在外，与袖里反面相对套合，绷缝固定袖口；取滚条与袖口围等长，斜角拼接成圈；采用与领止口相同的方法装滚条，如图5-33所示。

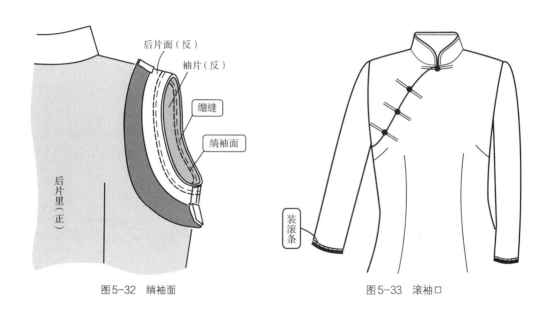

图5-32　绱袖面　　　　　　　　　图5-33　滚袖口

14. 做盘扣

盘扣的制作方法参见《服装工艺设计与制作·基础篇》第四章第一节相关内容，盘扣珠的方法如图5-34所示。

15. 钉纽

（1）定扣位：将前领中点到腋下的一段斜襟分为四等份，每份的端点定为扣位，纽头钉在门襟上，纽襻钉在底襟上，扣位与止口线垂直。

（2）钉纽：为了加强钉纽部位的强度，先用斜倒钩针在门、底襟钉纽部位缝3～4针，再将纽尾毛边折回，手针密缝固定，如图5-35所示。钉纽用同色线，两组之间的门襟要求服帖。

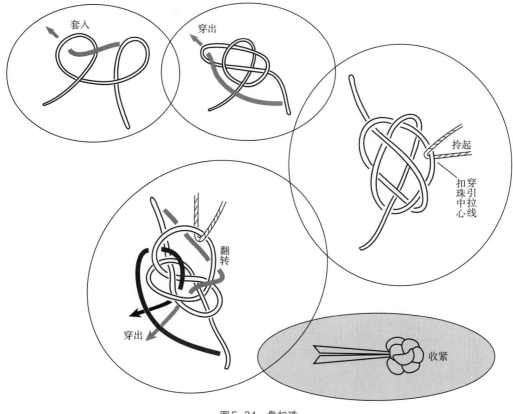

图5-34 盘扣珠

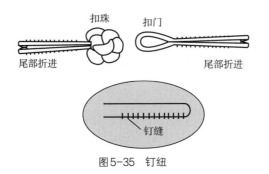

图5-35 钉纽

16.整烫

胸部、腰部、臀部及侧缝放在布馒头上熨烫平整；开衩及下摆铺平烫实，完成后应面、里无皱，无光，无污。

五、思考与实训

设计一款旗袍，按工艺要求完成裁剪与缝制，规格尺寸自定，旗袍工艺要求及评分标准见表5-7。

撰写旗袍设计说明书，主要内容包括：作品名称，款式图，款式说明，用料说明（面料和辅料），结构图和毛样板图（1:5），工艺流程图，缝制工艺方法及要求等。

表5-7　旗袍工艺要求及评分标准

项目	工艺要求	分值
规格	允许误差：胸围＝±0.4cm；腰围＝±0.4cm；臀围＝±0.4cm；领围＝±0.2cm；肩宽＝±0.2cm；裙长＝±1cm；袖长＝±0.5cm	15
领	领头圆顺、对称、窝服，领口平齐，止口平薄，领口不反吐	15
滚边	各部位滚边宽度一致，顺直平服，松紧适宜	10
省	分别对称，省份顺直，省尖无泡	10
开衩	长短一致，止点处平服、牢固 摆角窝服，不起吊，不反翘，止口顺直，不搅不豁	15
袖	装袖圆顺，对位准确，吃势均匀，无死褶	15
里	松紧适宜，平整帖服	5
钉纽	盘纽大小一致，位置准确，门、底襟平服	5
整烫效果	外形挺括，止口顺直、美观，无线头、无污渍、无黄斑、无极光、无水渍	10

参考文献

［1］王晓.纺织服装材料学［M］.北京：中国纺织出版社，2017.

［2］朱松文，刘静伟.服装材料学［M］.5版.北京：中国纺织出版社，2015.

［3］王革辉.服装面料的性能与选择［M］.上海：东华大学出版社，2013.

［4］中屋典子，三吉满智子.服装造型学：技术篇Ⅰ［M］.孙兆全，刘美华，金鲜英，
   译.北京：中国纺织出版社，2004.

［5］中屋典子，三吉满智子.服装造型学：技术篇Ⅱ［M］.刘美华，孙兆全，译.北京：
   中国纺织出版社，2004.

［6］张文斌.服装结构设计：女装篇［M］.北京：中国纺织出版社，2017.

［7］张文斌.服装结构设计：男装篇［M］.北京：中国纺织出版社，2017.

［8］张文斌.成衣工艺学［M］.3版.北京：中国纺织出版社，2010.

［9］张繁荣.男装结构设计与产品开发［M］.北京：中国纺织出版社，2014.

［10］陈丽，刘红晓.裙·裤装结构设计与缝制工艺［M］.上海：东华大学出版社，2012.

［11］潘波，赵欲晓，郭瑞良.服装工业制板［M］.3版.北京：中国纺织出版社，2016.

［12］张繁荣，刘锋.服装工艺［M］.4版.北京：中国纺织出版社有限公司，2022.

［13］朱秀丽，鲍卫君，屠晔.服装制作工艺：基础篇［M］.3版.北京：中国纺织出版
   社，2016.

［14］鲍卫君，等.服装制作工艺：成衣篇［M］.3版.北京：中国纺织出版社，2016.

［15］许涛.服装制作工艺：实训手册［M］.2版.北京：中国纺织出版社，2013.

［16］刘锋，吴改红.男西服制作技术［M］.上海：东华大学出版社，2014.

［17］姜延，马凯.服装数字科技［M］.北京：中国纺织出版社有限公司，2023.

［18］刘锋.服装工艺设计与制作：基础篇［M］.北京：中国纺织出版社有限公司，2019.

［19］刘锋.图解服装裁剪与缝纫工艺：基础篇［M］.北京：化学工业出版社，2020.

［20］刘锋，吴改红，卢致文.图解服装裁剪与缝纫工艺：成衣篇［M］.北京：化学工业
   出版社，2020.

［21］纺织工业科学技术发展中心.中国纺织标准汇编：服装卷［M］.3版.北京：中国
   标准出版社，2016.